读故事
学数理化系列

U0193036

趣说化学
——自然界的魔法师

刘行光　帅猛　编著

化学工业出版社
·北京·

你知道原子内部的秘密吗？你知道神秘失踪的军装纽扣去哪里了吗？……你知道貌似枯燥的化学背后藏着许许多多有趣的故事吗？

《趣说化学——自然界的魔法师》从孩子们的理解能力出发，通过有趣的化学故事、奇妙的化学现象、神奇的化学实验等对物质的原子结构、化学元素、自然中的化学、生活中的化学、化学中的安全问题，以及化学的应用等内容进行了详细介绍。本书适合小学高年级学生及初中学生阅读学习，也可供教师及培训机构参考阅读。

图书在版编目（CIP）数据

趣说化学：自然界的魔法师 / 刘行光，帅猛编著
.—北京：化学工业出版社，2020.1（2024.10重印）
ISBN 978-7-122-35552-2

Ⅰ.①趣…　Ⅱ.①刘…　②帅…　Ⅲ.①化学—青少年读物 Ⅳ.① O6-49

中国版本图书馆 CIP 数据核字（2019）第 250208 号

责任编辑：王清颢　赵媛媛　　　　　装帧设计：芊晨文化
责任校对：杜杏然　　　　　　　　　美术编辑：尹琳琳

出版发行：化学工业出版社（北京市东城区青年湖南街 13 号　邮政编码 100011）
印　　装：北京虎彩文化传播有限公司
710mm×1000mm　1/16　印张 10　字数 149 千字　2024 年 10 月北京第 1 版第 6 次印刷

购书咨询：010-64518888　　　　　　　　售后服务：010-64518899
网　　址：http://www.cip.com.cn
凡购买本书，如有缺损质量问题，本社销售中心负责调换。

定　　价：49.80 元

前　言

　　化学是自然科学中的基础学科之一，它的主要任务是研究各种各样物质的组成、构成、性质，以及它们之间的变化规律。小至一针一线，大至飞机、卫星……很多物品都有化学的功劳。可以毫不夸张地说，化学是人类认识物质世界的有力武器，是改造物质世界的魔法师。

　　化学学科的发展，为人类打造了越来越丰富多彩的物质世界，使人们能够享用这些丰硕的成果而舒适地生活。不难想象，没有化肥和农药，粮食和蔬菜就不能增产；没有核化学的发展，就没有现今为人类提供巨大能源的核电站；没有冶金技术的发展，就没有今天的汽车、拖拉机、飞机和宇宙飞船；没有有机合成化学的进步，就没有合成纤维、染料、药物、合成橡胶和塑料等等各种各样的化工产品和生活用品；没有环境化学的发展，人类将生活在臭气、毒物严重污染的环境之中……概括成一句话：没有化学的进步，就没有人类今天的物质文明。由此可见，人类的生活，不管是衣、食、住、用，还是生活环境，都离不开化学。

　　《趣说化学——自然界的魔法师》从孩子们的理解力出发，通过有趣的化学故事、奇妙的化学现象、神奇的化学实验等对物质的原子结构、化学元素、自然中的化学、生活中的化学、化学中的安全问题，以及化学的应用等内容进行了详细介绍。这本书会使你对化学这门科学有一个初步认识，为你将来步入奇妙的化学世界打下基础。

　　化学是一门和人类息息相关，既古老又年轻而且具有无限前景的重要学科。少年朋友们，你们生长在和平盛世，有着金色的年华和宽广的道路，希望你们能够勇敢地去探索神奇的化学世界。

刘行光

目 录

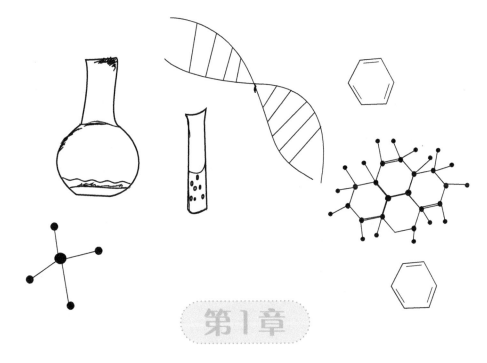

第1章

奇妙的微观世界

望着茫茫天宇、辽阔大地、缤纷万物，从古至今多少人都在思索：世界万物是由什么构成的？

科学家们通过大量的实验，终于将奇妙的微观世界展现在我们面前。物质是由分子构成的，分子是保持物质化学性质的最小粒子。分子是由比其更小的微粒——原子构成的，原子是化学变化过程中的最小微粒。人类对原子结构的认识经历了道尔顿原子模型、汤姆生原子模型、卢瑟福原子模型、玻尔原子模型和电子云模型。现代物质结构学说认为：原子是由居于原子中心的带正电荷的原子核和核外带负电荷的电子构成的。原子核是由质子和中子构成的。

1.1 我们周围的物质世界

从古至今,山变成了海,海又成了山,岩石成了黏土,有用之物成了废渣,而废物又变成了宝……整个大自然就像一个艺术家的舞台,真是气象万千,变化无穷。这一切的一切,都是物质的变化。

物质,多熟悉的名字!地球上的大气、水、土壤、山川、树林,人工生产的钢铁、化肥、塑料、纤维……所有这一切,不都是物质吗?

尽管我们周围有成千上万种物质,但是,从本质上讲,它们都只不过是由100多种化学元素(到2017年为止,已发现的118种元素全部对号入座,其中94种存在于地球上)构成的。正如26个英文字母可以组成许许多多的英文单词,红、黄、蓝三原色可以组成千变万化的颜色,砖头、水泥等少数几种建筑材料可以建成各式各样的房子,100多种化学元素就可以形成千千万万种物质。而化学上,可以将物质分为纯净物和混合物两大类。纯净物是仅仅含一种化学成分的物质,自然界中纯净物是不多的,绝大部分物质都是含多种化学成分的"大杂拌",例如,海水的主要成分是水,但水里却还溶有食盐以及少量的氯化镁、硫酸镁等化合物。

纯净物一般是人们依靠分离提纯或人工生产得来的。每一种纯净物都有一个化学名称与之相对应,并可用一组被称为分子式的化学符号来表示,而分子式又是由数字和元素符号组合而成的。每一种元素在化学上都统一规定了一个特定的符号,譬如氧元素的元素符号为 O,而铁元素的元素符号为 Fe。分子式不仅仅反映了组成该物质(化学成分)的元素种类,同时也告诉我们每种元素所占的比例。比如,水的分子式为 H_2O,它表明了水是由氢和氧两种元素组成的,并且每个水分子由 2 个氢原子和 1 个氧原子构成,水是由许许多多的水分子构成的。

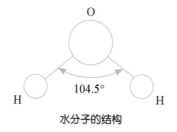

水分子的结构

纯净物中有的由一种元素组成，有的由两种或两种以上的元素组成。由一种元素组成的纯净物称为单质，常见的各种金属，空气中的氧气、氮气等都是单质。而由不止一种元素组成的纯净物称为化合物，水、二氧化碳、食盐、酒精、蔗糖等都是化合物。化合物不同于前面所说的混合物，它虽然也是由多种化学元素组成，但在化合物中，各种元素通常是原子或离子以某种特殊的相互作用联结在一起，化合成化合物分子，化合物正是由无数个这种分子组成的。一种化合物只含有一种分子，而每个分子又由固定数目的原子按同样的方式结合而成。因此，化合物的组成是保持恒定的。而对于混合物，比如水泥、玻璃或木材之类，虽然看起来是一种特定的物质，但实际上它们的化学组成不是确定的，而是可变的，也就是说，它们所含的元素和化合物的种类以及这些物质的组成比例往往有很大变化。

世界上的一切物质，大至星球宇宙，小至尘埃微粒，都在永不停息地运动着、变化着。物质的运动，或者说物质的变化，尽管多种多样，但究其本质，总括起来不外乎两大类——物理变化和化学变化。

汽车司机将矿石运进工厂，小朋友把皮球东丢西扔，主妇们将一壶烧开的水灌进暖瓶，锅炉将水烧成蒸汽供给热量……这一切变化都是运动吧！这些运动有一个共同的特点——要么是机械位移，要么是状态变异，并没有产生新物质。不是吗？矿石由矿山"走到"了工厂——位置移动；液体的水变成了水蒸气或固体冰——状态变异……如此而已。人们把这类变化称为物理变化。

再来看看另外一些变化。不妨先做这样一个实验：把生石灰浸泡在水中，澄清后，倾出上层清亮的水溶液；用根干净的细玻璃管向清液内吹气，你会看到，透明的溶液浑浊了；如果多吹些时候，有意思的事情发生了，石灰水又变清了；稍微加加热，又浑浊了。这是多么有趣的变化啊！在这一系列过程中，物质发生的变化就复杂得多了：清澈的石灰水是氢氧化钙溶液，吹进二氧化碳气，生成了一种叫作碳酸钙（就是石灰石的主要成分）的固体小颗粒；继续吹入二氧化碳，碳酸钙转变成碳酸氢钙而溶解于水中；将后者加热，又析出碳酸钙的固体并放出二氧化碳气。这就是神奇的化学反应。

知识加油站

物质的组成

项目	微观角度			宏观角度
	分子	原子	离子	元素
定义	分子是保持物质化学性质的一种微粒	原子是化学变化中的最小微粒	离子是带有电荷的原子或原子团	具有相同核电荷数（即质子数）的一类原子的总称叫元素
性质	分子不断运动，有间隔、有质量，同种分子性质相同，不同种分子性质不同	原子不断运动，有间隔、有质量，在化学反应中不可再分	离子不断运动，有间隔，质量与原子质量近似相等，离子最外电子层一般为稳定结构，性质较原子稳定	金属元素易失电子，化学性质活泼；非金属元素易夺电子，化学性质活泼；稀有气体元素不易得失电子，化学性质不活泼，表现惰性
构成物质举例	气体物质如二氧化碳、二氧化硫、氢气、氧气、氯气等；酸类如硫酸、硝酸等；有机物如甲烷、酒精等	金刚石、石墨、二氧化硅等	大多数盐类，如氯化钠、硫酸铜、碳酸钠等	已经发现的元素有100余种，地球上1000多万种物质都是由这100余种元素组成的。例如，氧气由氧元素组成，二氧化碳由氧、碳两种元素组成等

1.2 化学化学帮帮忙

从古以来，人类生活的每一天，都要与物质打交道：树木、杂草、食物、水……不相识的、奇怪的、难以理解的物体，无时无刻不在吸引着人们的注意和思索。人们在总结认识的基础上，逐渐认识了物体的性质：质量、硬度、对水的反应、对冷热的作用等。有的硬得难以破碎，有的则软得可用小刀切割；有的对火无动于衷，有的则见火就燃；有的在水里只是漂浮、浸润，有的则遇水就化为乌有；有的五光十色，有的则暗淡无光；有的甜、有的咸、有的酸、有的苦；有的香气扑鼻，有的则臭不可当；有的是那样重，有的则如此轻，以至可以乘坐着它们漂浮在水面上。对于这些物体性质的认识，是物理学的一大功劳。

但是，物体的这些性质是怎样来的？ 物质是由什么构成的？古代的物理学却不能做出客观、正确的解释，人们只好求助于化学。

我国很早就产生了"五行"学说。"五行"学说认为世界是由金、木、水、火、土五种基本物质组成的，五行"相生""相克"，构成了万物的变化。以亚里士多德为代表的古代希腊哲学家们却认为，世界万物是由水、气、火、土四种"要素"组成的。热和干配合生成火，热和湿配合则生成气，冷和干配合生成土，冷和湿配合生成水。在错误的"五行"及"四要素"

学说的指导下，炼丹家们千方百计地想从"相克""相生"中找出使人长生不老的"仙丹"，以益寿延年；炼金家们却想从物质性质的转化中获得"点金石"，以发财致富。但是，他们的希望都成了泡影。吃了仙丹而长寿的一个没有，中毒身亡的却屡见不鲜。然而，从科学发展史的观点来看，炼丹家和炼金家的工作没有白费，他们在长期的炼丹、炼金过程中，积累了不少化学知识，掌握了一些物质的特性，制造了各种化学仪器。化学作为一门科学，正是从炼金术和炼丹术的工艺中脱胎而来的。

15世纪，人们已经开始抛弃荒谬的炼丹术和炼金术。瑞典的医药化学家巴拉塞尔斯提出：化学的目的不是为了创造金银，而是为了制造药剂。不过，他仍未逾越出古代元素的圈子。他认为万物是由盐、汞、硫三元素以不同的比例构成的，盐是不挥发性的不可燃的"元素"，汞是挥发的液体"元素"，硫是可燃的"元素"。某元素成分的多寡，决定了该物质的性质。他还把"三元素"分别比作人的身体、灵魂和精神，人生病就是因为缺少了三"元素"中的某一种"元素"。他大胆地把汞、锑、铁、砷、硫等及其化合物作为药物给病人服用或外用，虽获得了一些成功，但也治死了不少病人。

科学元素概念的确立，应归功于英国著名的科学家波义耳。他为化学元素做了科学的定义，为化学发展成为真正的科学做出了重大的贡献。

波义耳善于总结新的实验事实，敢于抛弃传统观念，勇于提出新的见解。1661年，波义耳以大量的实验事实对亚里士多德的"四要素"及医学家的"三元素"进行了批驳。他提出：黄金是不怕火的，它既不能被分解，更不会在火的作用下产生盐、硫或汞。但它可以和其他金属一起生成合金，还可以溶解在"王水"里，而且这些产物经过适当处理，黄金又可恢复原性。这说明金的"颗粒"经过各种结合之后，仍然不变。又如葡萄在榨取后得到的是果汁，发酵后得到的是酒精，这说明同一种物质经过不同的处理会转变成千差万别的东西，亦说明物质的构造和性质是复杂的，不是"水、土、火、气"或"汞、硫、盐"所能组成的，更不是几种"元素"所能概括的。波义耳还举例说：金属经煅烧以后所得到的灰渣往往比金属本身还要重，这又说明灰渣绝不是金属分解以后留下的什么"土"元素，而是比金属本身还要复杂的物质。自然界里有些物质是混合的，有些物质是单纯的。如黄金、汞、硫等，它们虽然能和其他物质形成与本身不同的东西，但是它们的本性是不变的。波义耳认为，这种原始的、简单的、一点也没有掺杂的物质就是"元素"。他指出："我指的元素应当是一些不由任何其他物质构成的原始和简单的物质或完全纯净的物质"，"是具有确定的、实在的、可觉察到的实物，它们应该是用一般化学方法不能再分解为更简单的某些实物"。

这样，波义耳纠正了错误的元素观，揭示了"化学元素"这个概念的正确含义，即物质并不是由"性质"组成的，而是由化学元素组成的。一定的化学元素具有一定的性质。

当然，从现代化学观点来看，波义耳提出的元素的概念是相当不准确的，限于当时科学技术和实验条件，他本人也并没有确定哪些物质是真正的元素，也不能把单质和元素这两个概念区分开来。但是，波义耳为正确理解化学反应和变化提供了科学的立足点，为化学真正发展成为一门科学奠定了重要的理论基础。

19世纪60年代，原子、分子的概念得到进一步明确，单质和元素的概念也被科学家们区分开来。到了20世纪初期，在原子理论的基础上，才给元素下了一个完整确切的定义，即"元素是具有相同的核电荷数（即核内质子数）的同一类原子的总称"。

知识加油站

元素发现简史

人们开始大量发现元素还是近200多年的事。18世纪后半期，随着生产的迅速发展，特别是冶金、染料、制药、酸、碱等化学工业的迅速发展，为大量发现新元素提供了技术条件。18世纪以前，除了古代发现和应用的碳、硫、金、银、铜、铁、铅、锡、汞等9种元素以外，只是在炼丹、炼金的偶然机会中发现了砷、磷、铋、锌、锑等5种元素。在18世纪，人们接连发现了氢、氮、氧、钛、铬等元素，到1800年共发现28种元素。19世纪初，人们发明了电解的方法，用这一新技术发现了钾、钠、钙等过去没办法还原的金属。19世纪中叶，由于化学分析技术的提高，特别是光谱分析的发明，又发现了铯、铷、铟等元素，共发现元素63种。到19世纪末，又发现了氦、氩等6种惰性气体。放射性元素钋、镭也相继发现。到了20世纪30～40年代，又找到了锝、钫、砹等元素。这样，到2012年，共有118种元素被发现，其中94种存在于地球上。

1.3 不安分的分子

湿的衣服, 晒一会儿就干了, 这是水蒸发了; 衣橱里放着的"樟脑丸"(实际上是一种叫作萘的物质, 分子式为 $C_{10}H_8$), 隔一定时间, 就不翼而飞了, 可衣橱里仍充满着萘的气味; 打开一瓶香水, 过一会儿, 整间屋子里都能闻到香味……这些变化说明什么呢? 人类经过长期的实践与思考, 得出这样的结论: 物质都可以分成肉眼看不见的微小粒子——它们保持着原物质的化学性质, 这些微粒叫作分子。

分子的体积很小很小。平时我们在形容细微的东西时总爱说: "像灰尘那样渺小。"微尘的直径约为 0.03 毫米, 的确很小。可是, 如果将一万个水分子一个挨一个地排成长队, 它的长度还没有一颗微尘的直径大。一百万个水分子紧挨着排成一列横队可以并排穿过绣花针的针孔, 每个水分子的直径大约是 2 埃。1 埃 =10^{-10} 米, 也就是 0.0000000001 米。

正由于分子的身子非常小, 因此一丁点儿的物质所包含的分子就非常多。仍以水为例, 假如有人问你: "一个人每口吞下一亿个水分子, 每秒钟吃一口, 需要多久才能把一滴水中的水分子全部吞到肚子里?" 你不妨先想象一下, 看你想的答案是多少。说出来恐怕要吓你一跳, 原来, 按照上面所说的喝水速度, 喝完一滴水, 竟需要 50 万年! 因为一滴水中大约有 1.5×10^{21} 个水分子, 你只要细细地算一算, 就可以算出这个答案了。

还有人这样估算过: 如果将一杯水中的水分子都做上标记, 然后将这杯水与地球上所有江、湖、海洋的水混合起来, 搅拌均匀; 这时你再任意从河、海中盛起一杯水,这杯水中含有的做过"标记"的水分子竟然多达2000个!

不过,你也别瞧不起分子的个子小,如果一滴水的所有分子都手拉手地排成长队,这队伍从头到尾的长度恐怕又要吓你一跳!现在让我们一起来算一下:

一滴水分子队伍的长度

= 一滴水中分子的个数 × 每个水分子的直径

$=1.5 \times 10^{21} \times 2 \times 10^{-10}=3 \times 10^{11}$(米)

将单位"米"化成"公里",就是3×10^8公里,即3亿公里。

多么惊人的数字!大家知道,从地球到太阳的距离是一亿五千万公里。这样看来,一滴水的分子排成长队,竟可以从地球排到太阳,再从太阳排回到地球!不通过科学的计算,说出来恐怕谁也不会相信。

物质的分子都在不停顿地运动着,这是大家都知道的。那么,在分子世界中,谁跑得最快呢?

跑得最快的是气体分子,而在气体分子中,又以分子量最轻的氢气分子跑得最快。它是分子世界中名副其实的赛跑冠军。在0℃时,氢气分子每秒钟可跑1700米,相当于每小时跑6120公里,这个速度比最快的喷气式飞机还要快。如果没有阻挡的话,氢气分子只需6.5小时就能绕地球一周。其他分子量较重的气体分子要跑得慢一些,例如氧气分子,每小时跑150公里。

你可能会这样想:12级台风的风速是每秒40米,气体分子跑得这样快,那是多么可怕的狂风啊!会不会把地球上的东西都刮走呢?你别担心,这些气体分子可没有那么齐心,它们不是朝同一个方向跑,而是乱七八糟地无次序地奔跑,所以我们并不会遇到那样的狂风。

会动脑筋的小读者可能还会问:既然气体分子跑得这样快,为什么桌上打开的香水气味不是一下子就能闻到的呢?

这问题提得好!根据一般气体分子每秒钟运动几百米的速度,气体分子跑几米路只需百分之一秒或几十分之一秒就够了。但事实上,大量气体分子在做无次序的运动时,分子与分子间会发生无数次的碰撞,使分子的运动方向一直在改变之中。对于一个氢分子来说,它每秒钟要与其他分子碰撞1400亿次(这里所讨论的情况都是在常温常压下）；在 1 立方厘米的氢气中，每秒钟内氢气分子共要碰撞 19 万亿亿亿（1.9×10^{29}）次。这样频繁的碰撞使气体分子无法一直朝前跑，而只能是曲折地前进，扩散的速度就大大减慢了。

知识加油站

物理变化和化学变化

	物理变化	化学变化
概念	没有生成其他物质的变化	生成其他物质的变化
特征表现	没有生成其他的物质，物质的状态、形状可能发生变化，也可能有发光、发热、变色等现象	有其他物质生成，常表现为颜色改变、放出气体、生成沉淀等
实例	汽油挥发，铁水铸成锅，蜡烛受热熔化	木柴燃烧、铁生锈
区别	在变化中是否有其他物质生成	
联系	在物质发生化学变化的过程中，会同时发生物理变化；在物质发生物理变化的过程中，不一定会发生化学变化	

1.4　认识原子的过程

自从第一颗原子弹于 1945 年 7 月 16 日在美国新墨西哥州沙漠上发出刺目的闪光后,紧接着第二颗名叫"小男孩"、第三颗名叫"胖子"的原子弹,分别于 8 月 6 日、8 月 9 日在日本两个城市——广岛和长崎爆炸,从此原子弹的名称便传遍了四海,风靡一时。以至当时圆珠笔问世,为耸人听闻也起名"原子笔";高级理发厅为招徕顾客,用霓虹灯宣扬什么"原子电烫",某些理发师还别出心裁为时髦妇女设计出"原子发型",一时"原子"的浪潮冲击到各个角落。其实,原子究竟是什么? 当时多数人是不了解的。

说起来,原子并不神秘,它远在天边,近在我们身边。因为,你和我,他和她,整个人类以及动物、植物、矿物、太阳、地球、空气、水等,归根结底都是由原子构成的。所以,有的科学工作者把原子比喻为"构成各种物质的最基本的砖块"。

不过,人们对原子的认识,有个漫长而曲折的过程。

有关原子的故事,得从 2500 年前谈起。在古希腊有个著名的学者,名叫德谟克利特。公元前 460 年,他出生于色雷斯南部沿海的希腊殖民地(色雷斯在现在希腊东北爱琴海北岸),他的父亲是奴隶主贵族。德谟克利特童年时曾跟有学问的术士和星相家学习过神学和天文学,也听过当地学者和过路学者的演讲。

后来,德谟克利特利用父亲留下的遗产到世界各地漫游,他到过埃及、巴比伦、波斯、印度等许多地方。他每到一地,就向有学问的人求教,他在雅典听过苏格拉底的讲演,他和著名的医学家希波克拉底交往甚密。

长期的漫游大大扩展了德谟克利特的眼界,也耗尽了他父亲留下的绝大部分遗产。当他回国后,人们便控告他挥霍父亲的遗产。他为了给自己辩护,在法庭上宣读了自己在漫游中写的著作《大世界》。控告的人们听后,一致赞扬这是一部有价值的著作,法庭

德谟克利特

便免于对他处罚。

德谟克利特一生写了约 50 种科学著作，涉及多门知识，如哲学、逻辑学、数学、物理学、心理学、伦理学、教育学、语言学、艺术、技术等。他的主要成就是哲学中的原子论。

德谟克利特那好奇的脑子永不停歇地思考着，力图从日常所见的各种自然现象中，探索出构成各种物质的根本秘密。当他漫步河边，看到成群的小鱼在清澈河水中游来游去的时候，就想到水看来是紧密的、无空隙的物质，但很可能像脚下踩着的沙土那样，由许多小微粒构成，要不，鱼怎么能在水中游来游去呢？

他吃饭的时候也在想，固体的盐放在水里，为什么过一会儿就不见了呢？为什么盐水经太阳曝晒以后，水消失了，盐又跑出来了呢？切肉的时候，如果一刀一刀地切下去，长年累月地切，结果会不会切成一种最小的微粒，那时候无论用什么样锋利的刀，也无法再把这些微粒分割下去……

这些生活中大量的、平平常常的现象，经德谟克利特这样追根究底地思索下去，就变成了复杂而深刻的新问题：自然界各种物质究竟是由什么构成的？

他对许多自然现象的观察，都引导他得出一个共同的结论：存在于自然界的一切物质，都是由各不相同的最微小的粒子组成的，微粒与微粒之间存在一定空隙；微粒用人们的肉眼是看不见的，但它经常处于运动中，而且永恒存在，永不消失。

于是，德谟克利特就把这些微小的粒子，叫作"原子"，原子按古希腊原文是不可再分割的意思。

从此，便产生了原子理论的萌芽。德谟克利特曾教导他的学生说，宇宙万物——从星球到岩石，乃至指甲，都由名叫原子的极小的颗粒所组成。假如你不断地锤打一块岩石，把它打成越来越小的碎块，那么，最小的岩石物质可能就是原子……

这种在科学史上最初的关于原子的理论，由于缺乏实验，当时并不被大多数人接受，但也并没有因此而绝迹。直到 17~18 世纪，科学技术蓬勃发展，英国化学家约翰·道尔顿对原子提出了令人信服的论断后，许多科学家才不怀疑原子的真实存在。

　　道尔顿是英国一个纺织工的儿子，他小时候曾在农场里做过工，靠自学成才。他自学的成绩非常惊人，十二岁就登台讲课了。三年后他离开家乡给一个校长当助手，十九岁被任命为那所学校的校长。他研究过拉丁文、希腊文、数学和自然科学，年纪轻轻就成为一位杰出的学者。他不仅发现了有关气体的一些重要定律，而且在气体性质研究及前人提出的定比定律、倍比定律等基础上，于 1803 年 10 月在曼彻斯特的一次学术会上宣读了著名的原子论的论文。他认为，物质是由不可分割的原子组成的；原子在化学反应中的性质不变；不同元素的原子不同，同一元素的原子相同；每种原子有确定的原子量；每种化合物都有完全确定的组成，是不同原子之间用一定比例结合的结果。

道尔顿

　　他曾画了一张图表示水的粒子是由氢原子和氧原子组成，并把水的粒子叫"复合原子"。道尔顿关于水的组成的观点，现在看来虽不准确，却把原子学说向前推进了一步。因为水的最小的颗粒，的确是由两个氢原子和一个氧原子组成的。

　　与道尔顿同时代的一些科学家，把道尔顿讲到的"复合原子"称为分子。从此，全世界科学家都肯定了原子和分子的学说，并以此解释各种物质的构成以及许多自然现象。

　　道尔顿的原子论问世不久，法国科学家盖·吕萨克总结实验现象，于 1808 年提出"在同样体积中，不同种气体具有的原子数相同"的假说。按照这一假说进行推论，就可以得出化合物中含有 1/2、1/3 等分数原子的结论。因此，这个假说遭到道尔顿的反对。为了解决道尔顿原子论和盖·吕萨克假说之间的矛盾，意大利科学家阿伏伽德罗在 1811 年引入了确定的分子概念，把原子和分子区别开来。阿伏伽德罗提出，分子是由原子组成的，是具有物质特性的最小单位。他对盖·吕萨克的假说作了修正，认为在温度和压力相同的情况下，在同样体积的气体里有相同的分子数（这就是阿伏伽德罗定律）；气体分子可以由两个或多个原子组成。阿伏伽德罗的原子 – 分子学说，解决了盖·吕萨克和道尔顿之间的矛盾，并被后来的实验一再证实。

知识加油站

元素和原子的区别和联系

元素和原子两个概念既有联系又有区别。原子是一个微观概念，在讲分子组成时常用到它。元素是一个宏观概念，在讲物质的组成时常用它来表示原子的种类。所以不能说"水是由氢原子和氧原子组成的"或"水分子是由氢元素和氧元素组成的"。

原子可以用个数表示数量，例如两个氢原子。但元素不能这样表示，如不能讲两个氢元素。所以，讲"水是由两个氢元素和一个氧元素组成的"是错误的。

总之，在运用元素、原子这两个概念时要认真注意一条原则，即"讲物质组成用元素，不能用个数表示其数量；讲分子组成用原子，可以用个数表示其数量"。

1.5 揭开原子内部的秘密

学过一点化学知识的人都知道,世界上千千万万种物质,不管化学成分如何复杂,不外乎是由 118 种原子组成的,或者说是由 118 种化学元素组成的。原子是构成物质的基本微粒,可是原子还能否进一步分割,原子内部结构究竟是怎样等一系列问题,却并不容易给出答案。

1879 年,英国的科鲁克斯在一个接近真空的玻璃管里装上两个电极,通过高压直流电,发现跟阴极相对的玻璃管壁上,出现了美丽的荧光。进一步研究表明,从阴极发射出来一束肉眼看不见的且有一定质量和速度的微粒流,这种微粒流被称为阴极射线,而且组成阴极射线的微粒是带负电的。1897 年,英国著名物理学家汤姆生对阴极射线进行仔细研究,测出组成阴极射线的这种微粒的质量,仅相当于最轻的原子(氢原子)的质量的 1/1840,并且带有一个单位的负电荷。这就是电子。电子的发现以无可争辩的事实证明了原子并非最小微粒,其内部必定有复杂的结构。原子也有属于其自身的天地。

原子确实是太小了。可是,科学发展到今天,人们采用灵巧而先进的技术,特别是 20 世纪以来,对原子、原子核和原子能的实验及研究越来越深入,人们对原子已有了相当的了解,包括原子的内部结构。

在原子内部还有更小更轻的粒子,这就是中子、质子、电子。其中,中子和质子处于原子的中心,组成原子的核心,称为原子核。电子则在核外不停地旋转,很像一团蒸汽围绕着空气中的一粒尘土。原子核在原子中占有十分小的体积,如果把整个原子比作一个大厦,那么原子核占据的空间还不到一个蚕豆那么大,可见原子内部是个十分空旷的世界,只有少数几个电子在里头不停地运动。更令人吃惊的是,这一颗蚕豆大小的原子核却几乎就是整个大厦的质量,这是由于原子核的密度十分大。原子是不带电的,但电子是带负电的,因此,原子核必然带有相同电荷的正电荷。科学家们还发现,构成原子核的中子和质子的质量十分接近,而质子带一个单位正电荷(电量与电子带负电荷量相等),中子不带电。显然,中性原子中的电子数同原子核中的质子数必须相等,否则,原子就会带电。事实上,现在发现的118种元素,本质上之所以互不相同,是它们的原子核中质子数不同。例如,质子数为1的是氢元素,质子数为8的是氧元素。

目前,科学研究还表明,原子中的电子围绕原子核旋转并不是像地球绕太阳转那样沿着固定的轨道运转,而是时而在这里出现,时而在那里出现。如果我们设想能跟踪单个电子的短时间内的足迹,就会发现,电子的运动是十分杂乱的,毫无规则的。但是从统计的观点来看,电子运动却表现极有规律性,以致似乎每一电子都有自己的轨道,不同轨道同原子核的距离不同。电子处在不同轨道能量也有高低,因此,通常也认为核外电子是分层排布的,而且,电子排布也是十分有规律的。通常电子尽可能先占据离核最近也就是能量最低的轨道,实在是挤不下了,电子就排在能量稍高的轨道上来。第一层最多能容纳2个电子,第二层可容纳8个电子……第 n 层最多可容纳 $2n^2$ 个电子。

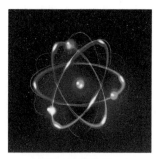

电子绕原子核高速运动

有些原子是可以单独存在的,也可以按一定关系结合在一起形成分子。譬如,外层电子排布都已达到饱和状态的惰性气体元素就是一个十分典型的例子,它们最外层都有(除氦)8电子稳定结构。因此,原子既不容易得到电子,也不容易失去电子,呈一种惰性。一般情况下,惰性气体元素与自身没有相互作用,与其他元素也不容易化合。所以惰性气体一般是由许多单独存在的原子组成的。但是,大多数元素外层电子不具有这种饱和状态,它们的原子一般不能独立存在,有的容易失去电子,有的却有得到电子的趋向。化学上把这种由原子得失电子后得到的微粒称为离子,事实上,离子与相应的原子的差别就在于这几个电子。譬如,构成金属铝的铝原子很容易失去最外层3个电子,而得到带三个单位正电荷的铝离子。这种不能单独存在的原子在一起,常常就会化合形成一种由原子组成的微粒,即分子。例如,高温下,金属钠和氯气相遇便立即化合,发生化学反应,并发光放热剧烈燃烧起来。高温下,氯气可离解出氯原子,并可夺取钠原子中一个电子后各自都达到8电子稳定结构。

知识加油站

原子量

原子很小,所以质量很轻。这样小的数字,读、写、记、用都不方便,就好比用吨来表示一粒稻谷的质量一样,因此,在科学上,一般不直接用原子的实际质量,而采用不同原子的相对质量。国际上是以一种碳原子的质量的 1/12 作为标准,其他原子的质量跟它相比所得的数值,就是该种原子的原子量。由此可见,原子量只是一个比值,它是没有单位的。例如,采用这个标准,测得氢的原子量约等于 1,氧的原子量约等于 16,铁的原子量约等于 56,等等。

1.6　物质世界的"黏合剂"

我们已经知道,纷繁复杂的物质世界只不过是由 100 多种元素组成的。分子、原子、离子是构成这些物质的基本构件。建造一幢房子,除了要有许多砖块以外,还必须有能将它们结合的石灰、水泥或其他材料。物质的构成也一样,物质并不是分子、原子或离子的杂乱混合体,而必须按照一定的方式结合在一起。

当然,不同类物质内部的结合方式也不同。除了几种惰性气体外,一般物质结合大致有以下几种情况:一种是像食盐那种由离子构成的化合物,一种是由金属原子构成的金属,另一种更广泛的是由分子构成的。不管哪类物质,组成它们的原子或离子之间都存在一种强烈的相互作用力,正是依靠这种作用力,才使它们结合在一起,形成某种特定的物质。这种强烈的力的作用在化学上称为化学键。这里的"键"实际上就是相互作用力的意思。上述三类情况的差别就在于这种相互作用力的性质不同。食盐是由一种被称为离子键的作用力使钠离子和氯离子结合起来的,金属中也存在一种称为金属键的作用力,而大多数化合物分子则是原子间依靠共价键结合而成的。当然,三种化学键的本质都是一种电荷之间力的作用,原子中有带正电荷的原子核和带负电的电子,离子有带正电荷的阳离子和带负电的阴离子,当它们逐渐接近的时候,就存在引力和斥力(异种电荷互相吸引,同种电荷互相排斥),以一定方式结合,这种引力和斥力可以达到平衡,形成稳定的化学键。下面,我们分别看看这几种化学键的形成和各自的特性。

在 100 多种元素中,不同元素的活泼性(发生变化的性质)差别很大。有一类称为惰性元素的原子是十分稳定的(不活泼),它们一般难以同其他元素结合形成化合物,而且它们有个共同特点,原子最外层都是有 8 个电子(氦的最外层电子数是 2)。这表明,8 电子构型是种稳定构型,其他最外层不是 8 电子的元素则也都有力图形成这种构型的共同趋势。例如,钠原子(Na)最外层有 1 个电子,因而极易失去这个电子形成带有一个单位正电荷的阳离子——钠离子(Na$^+$)。氯原子(Cl)最外层有 7 个电子,容易从别的原子中夺取一个电子而形成带一个单位负电荷的阴离子——氯离子（Cl⁻）。如果一个钠原子和一个氯原子相遇,将会发生什么情况呢? 钠原子中的最外层电子肯定会迅速跑进氯原子中去,因为这正是"两厢情愿"的结果。这样就得到带相反电荷的 Na⁺（带正电荷）和 Cl⁻（带负电荷）两个离子,正如相反的两个磁极会相互吸引一样,带相反电荷的两个离子也会彼此吸引,这样一来,它们之间便形成一个化学键。这种依靠带正电荷的阳离子和带负电的阴离子之间的静电吸引力而使彼此连接在起的作用称为离子键。

大多数活泼金属（如钾、钙、钠、镁等）与活泼非金属（如氯、氟、氧等）都能形成离子键和离子化合物。这类化合物在固态时一般都是像食盐那样的晶体,称为离子晶体。活泼非金属原子中,没有离子的形成,而是依靠两个原子相互靠近,共享电子而成键。共享电子一般可由双方提供,也

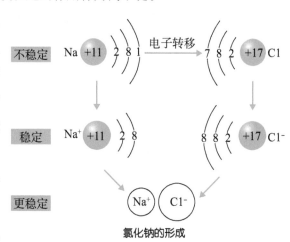

氯化钠的形成

可由单独一方提供,但不管如何共享,最后总满足各自的 8 电子稳定构型（注意 H 是 2 电子稳定构型）。如水分子就是由 2 个 H 原子和 1 个 O 原子通过两对共用电子形成的。绝大多数物质（特别是有机化合物）都是通过共价键先构成分子,这些分子再按一定规律通过分子间的作用力排列起来形成分子晶体。由于分子晶体中分子间的作用力比化学键作用力小得多,它不像离子晶体中的离子键,因而这种晶体的排列易受破坏,即分子晶体的熔点较低。

金属键是金属单质中一种特有的化学键。前面已提到,金属原子亦多易失去电子成为阳离子。金属是怎样把原子约束在一起的呢? 比如一枚铁钉,它当然不能像形成离子键那样把电子释放出去,因为如果那样的话,金属就是许许多多阳离子组成,阳离子都带正电荷,整个金属带电且由于离子间互相排斥,整个铁钉就不会那么结实,甚至可能会变成一堆粉尘。实际的情况是这样,金属原子中电子脱离原子核的束缚成为自由电子,但自由电子不会释放到外界,而是在离阳离子不太远

处,还是受阳离子一定的吸引作用。它们的行为就有点像一群小孩在一个供应冰激凌的店铺里乱哄哄地跑着。这些孩子至少一开始就在附近跑着,从这到那,时而也暂时停留下来。铁里的自由电子就像这群小孩,从这个阳离子到另一个阳离子处,不停地运动。正是这些自由运动的带负电的电子使吸引力和排斥力相互平衡,使带正电荷的阳离子能够聚集在一起。也就是说,带正电荷的金属阳离子之间,以及带负电的自由电子之间,都是互相排斥,可是在带正电荷的金属阳离子和运动范围广的带负电荷的电子之间有吸引力。这种相互作用就是金属键。正是这种特殊的键合作用,使得金属都能够导电,而且是热的良导体(因为有许多自由电子)。金属形成晶体也有一定规律的堆积方式,只是这种堆积的金属原子(事实上是位置相对固定的金属阳离子)之间既不存在离子晶体中的离子间作用力(离子键),也不存在原子晶体共价键,因而这种晶体结构比较容易移动,这也正是为什么大多数金属易变形、富有延展性的根本原因。

知识加油站

分子和原子

1. 物质的构成:物质是由分子、原子等微观粒子构成的。

   自然界中大多数物质是由分子构成的,如水是由水分子构成的。

   有些物质是由原子构成的,如铁是由铁原子构成的。

   有些物质是由离子构成的,如氯化钠是由钠离子和氯离子构成的。

2. 分子:由分子构成的物质,分子是保持其化学性质的最小粒子。

3. 原子:原子是化学变化中的最小粒子。

1.7 实验把化学推向前进

化学是一门基础自然学科，又是一门实验性很强的学科。当你真正开始接触化学时，总要观察、综合分析各种化学现象，从而得出正确的结论。实验是科学发现的先驱。正如法国著名生物学家斯德所说的："实验室和发明是两个相关的名词。""如果没有实验，自然科学就会渐渐枯萎，渐渐消亡，没有发展的希望了。科学家一旦离开了实验室，就会变成战场上缴了械的战士。"化学现象变化万千，实验条件稍加改变，就产生不同的现象，也就有不同的结论。世界上的物质成千上万，其原因之一就在这里。

有这样一个实验：将一块铜片投入盛有浓硝酸的试管中，很快，硝酸变成了蓝色，试管中充满了红棕色的气体。蓝色的是硝酸铜溶液，红棕色的是二氧化氮气体。但如果将一块锌片投入极稀的硝酸中，就只能够看到锌片逐渐被"吃"光了，并没有发生明显的颜色变化。如果用玻璃棒蘸取浓盐酸接近试管口，则产生白色烟雾。这是因为锌片把硝酸还原成氨，氨与氯化氢生成氯化铵，而锌片则变成了硝酸锌。

为了找出一条科学上的定律，或发现一个新元素，或制出一种新的化合物，多少科学先驱付出了艰辛的劳动，有的甚至献出了宝贵的生命。世界著名的瑞典化学家诺贝尔，他一生专门从事炸药的研究。他发明了安全烈性炸药三硝基甘油和硅藻土的混合物，以后又开办了十五家炸药工厂，获得巨大的成就。研究炸药，就是在"太岁头上动土"，稍不小心，"太岁"发怒——炸药爆炸，就会一命呜呼！有一次，炸药在实验室里爆炸，炸死五人，连他的弟弟也被炸死了，父亲老诺贝尔也受了重伤。可是诺贝尔本人并未因此退却，而是继续探索炸药之谜。最后一次大爆炸，竟把他炸得鲜血淋漓，他却在浓烟中高叫："我成功了！我成功了！"

居里夫人是世界上第一个两获诺贝尔奖的人，她

诺贝尔

与丈夫皮埃尔·居里一同研究元素的放射性现象而于1903年获得诺贝尔物理学奖。1906年4月19日，皮埃尔·居里因为发生交通事故，不幸殒命。这给居里夫人带来了极其沉重的打击，大病一场。她康复之后，仍决心把未尽之年献给人类的科学事业。她成年累月埋头在实验室里，成天与放射性极强的元素铀、钍、镭等打交道，终于提炼出纯度很高的放射性元素镭和钋，研究了它们的性质而获得1911年诺贝尔化学奖。然而，居里夫妇的实验室是多么简陋，工作是多么艰辛，人们却难以想象。他们在一个很小的木棚里建了一个作坊，在极原始的条件下，以极大的毅力，整整花了四年时间，才从成吨的沥青铀矿中提炼出极少量的镭。

著名的法国化学家奥斯特瓦尔德在1927年出版的自传里写道："在发现镭还不多久的时候，那所居里的实验室，经过我恳切地请求，才被允许走进参观……走进了实验室，看那景象，竟是一所既类似马厩，又宛如马铃薯窖那般简陋。若不是在工作台上看到一些化学仪器，我真会认为这是件天大的恶作剧呢。"可是居里夫人却认为，这是她一生中"最美好和最快乐的时代"。

在茫茫的知识海洋里，科学家们总是不断探索着化学世界里前所未有的前沿技术。他们时而得到突发灵感的启发，时而遇到偶然的巧合和猜测的帮助；一些在艺术作品里才能见到的巧合，又不断地给化学世界增添光彩。

英国细菌专家弗莱明，1928年在观察葡萄球菌时，发现培养细菌用的琼脂上长了一簇簇的绿色霉菌，而霉菌周围竟没有葡萄球菌。这一偶然发现，使他合成了世界上第一种抗生素——青霉素。人们在试验合成一种新染料时，因取食面包忘记洗手，无意中竟吃出甜味来，才知道这种合成物可作为甜味剂，于是糖精诞生了。当初在实验室里炼出了不锈钢，并不知道它有不生锈的特点，还将它看作废料扔进了垃圾堆。只是在经过风吹雨打之后，发现它居然锃亮闪光如同新品，这才引起人们的注意……当然，这些并不是说科学上的发明都是偶然的巧合。事实上，大多数发明没有艰苦的努力是不行的。即使是"巧合"，那也是人们在实验过程中认真观察、深入发掘、细致分析、悉心研究的必然结果。

科学家们进行着各种科学实验，观察着各种奇怪景象，积累着丰富的资料，为科学的发展贡献力量。

知识加油站

选用化学仪器注意事项

化学实验室有很多的药品,盛装它们的瓶子各不相同。

广口瓶的瓶口较大,用于盛装固体药品便于取用。

细口瓶的瓶口较小,盛装液体后便于倾倒。

集气瓶用于收集各种气体或暂时储存气体,收集了气体后要盖上玻璃片。

有的液体药品为了取用方便盛在滴瓶里。

有的药品要盛装在棕色的瓶中,目的是防止药品受到日光照射而分解。

要进行化学反应必须有合适的容器。

试管是实验室最常用的仪器,它可以容纳少量的试剂在其中进行化学反应,使用时可以对试管进行加热。

点滴板可用于少量液体药品之间在常温下进行反应,便于观察液体颜色的变化,并可以节约药品。

较大量液体进行反应或配制较多的溶液时就要使用烧杯,烧杯也可以加热。但烧杯比试管更大,更不容易受热均匀,受热不匀会导致烧杯炸裂。所以用烧杯加热液体时要先擦干外壁,再把烧杯放在石棉网上,使杯底受热均匀。

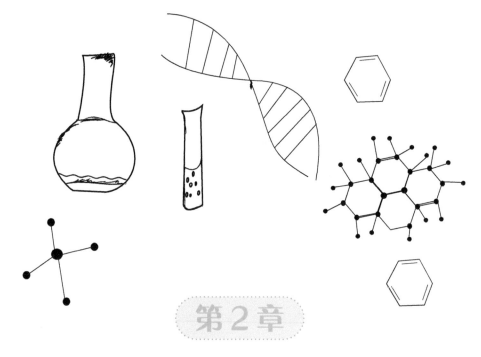

第 2 章

"长幼有序"的元素家庭

　　元素周期表很多人都会背，可是你知道吗？人们对元素的认识经历了一个漫长的过程。先哲在观察周围世界时，领悟出一个道理：复杂的现象中包含着简单的因素，千差万别的物质只是由几种基本元素组成的。于是，三学素说、四大种学说及五行学说纷纷出现。所谓元素，就是组成物质的基本单位。我们今天享受的物质幸福，大多是根据人类对 100 多种化学元素不断增加的知识得到的。

2.1 "长幼有序"的原子大观园

各种物质，甜的和咸的，酸的和苦的，软的和硬的，芳香的和有臭味的，它们的最小颗粒——分子，都是由原子组成。而原子，目前人们所知的共有 100 余种。正像七个音符可以组成许多歌曲那样，这 100 余种原子就组成了千千万万种物质。

如果把这分散到整个宇宙的 100 多种原子都集中在一个地方——原子大观园中，就容易认识它们了。我们可以把各种原子进行分类，比如把许许多多氧原子分出来，总称为氧元素；把许许多多铁原子分出来，总称为铁元素……这就好像从一堆水果中把鸭梨、苹果、红枣分开，分别给起名一样。

人们对各种原子进行分类和起名以后，还按它们体重大小给逐一排队，同时给它们"身上"标个符号（化学符号），这么一来，人们对各种原子就可以一目了然了。例如，体重最轻的原子是氢（原子量是 1.0079），可算是原子大观园中的"小弟弟"了，就把它排在第一位，符号是 H（氢的拉丁文开头的字母）。排在第二位的原子是氦（原子量是 4.0026），符号是 He。按顺序，氧原子排在第八位（原子量是 15.99903），符号是 O。铁原子排在 26 位（原子量是 55.845），符号是 Fe。天然存在的最重的原子是铀（原子量是 238.029），这个"大哥哥"就排在第 92 位，符号是 U，它是原子大观园中的重要角色。

说也怪，按原子的体重大小排队、向右看齐以后，人们竟发现，每隔七个元素，便有一个性质相似的元素出现。例如氦元素之后，隔七个元素的氖；氖元素之后，再隔七个元素的氩，这氦、氖、氩三种元素的性质就很相似，都是气体，性格都很孤僻，很难与别的元素化合，被人称为惰性气体。再例如钠元素之后，隔七个元素的钾，就和钠的性质很相似，它们都是金属，容易与氧化合，其氧化物与水作用后，生成的氢氧化钠和氢氧化钾，都叫碱，对人的皮肤或纸张有强烈的腐蚀作用。更有趣的是，如果你仔细观察，从表中不难看出，从左到右，各元素的金属性质是逐渐减弱的，而非金属性质却逐渐加强（例如锂、铍、硼、碳、氮、氧、氟、氖），这种变化是很有规律的。由此，不禁使人们想到，看来是五花八门、杂乱无章的自然界，原来也是有一定的自然秩序。换句话说，在自然界的原子大观园中，也是"长幼有序"，很有章法的！

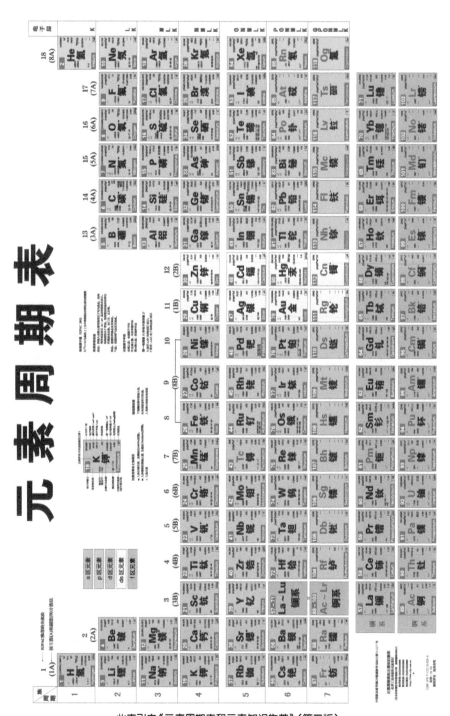

元素周期表

此表引自《元素周期表和元素知识集萃》(第二版)

原子大观园中那种"长幼有序"的自然规律,是被什么人发现的呢?是俄国化学家门捷列夫发现的!

门捷列夫在研究元素的重要特性时,他把注意力集中在原子价和原子量上,这一招真高明,勇气是那样大,他一抓住它们就攥在手里不放。开始将它们颠来倒去,终于发现了这两种特性之间的深刻差别:元素的原子量差别是那样的大,而原子价的范围又是这样的小,有许多元素的原子价竟然相同。因此他断定在性质不同的原子中,一定存在着某种规律。于是他把元素按原子量大小排列起来,也把它们的化合价写出来。

在排列中,只有两个元素破坏了原子价随原子量增加而递变的规律性。即一价的锂之后出现了三价的硼,五价的氮之后又排进了三价的铍。

门捷列夫并没有因这两个元素的捣乱而苦恼,他仔细地分析了当时所掌握的材料,从过于特殊的铍开刀。金属铍为什么会排入两个非金属——氮和氧之间呢?只是因为在实验室中认定铍的原子量等于 14.1。

但是,门捷列夫将铍的性质与别的三价元素——硼和铝做了比较,发现它们有许多不同,而铍倒是与二价的镁、钙、钡等有许多共同之处。

因此,应该认为铍是二价的,它和氯的化合物是 $BeCl_2$,它的原子量约为 9,这才是铍的真正原子量。于是门捷列夫果敢地修正了当时大家公认的铍的原子量。这样就可以把铍排在锂和硼之间。真是一箭双雕,两个捣乱者都规规矩矩地排列在队伍中。于是便得出这样的序列:

Li、Be、B、C、N、O、F、Ne,

Na、Mg、Al、Si、P、S、Cl;

门捷列夫顺着这条道路继续前进,在必要的地方就大胆地修正原来的原子量。他终于发现了自然界的一条伟大定律——元素周期律。原来元素性质是原子量的周期函数。

门捷列夫根据这一定律,将当时已知的 63 种元素按自然序列排列,于 1869 年发表了他的第一张周期表。

门捷列夫将表排定之后,于 1869 年 2 月送给了熟悉的化学家们,标题上写着："根据元素的原子量和化学性质的类似决定元素体系的尝试。"并把它提供给1869年3月举行的俄国化学家协会第四次例会审议。

周期律断定，一个性质活泼的金属的后面，是一个金属性差些的元素，再往下就是金属性更差的元素，以此类推。如果在这一自然序列中缺少某个元素，并不是因为它在自然界中不存在，而是它还未被人们发现。表上由于缺少某个元素而破坏了自然序列的地方，门捷列夫就留下空位，打上问号。

此外，当某一元素的性质使它不能按原子量来排列时，门捷列夫就大胆地把它的排列位置调换一下，其根据是：元素的性质比原子量更重要。后来终于证明，他这样做是正确的。例如，碲的原子量是127.60，按原子量排应该在碘（原子量是126.90447）的后面。但门捷列夫毫不犹疑地把碲提到碘的前面，使碲位于性质和它极为相似的硒的后面，并使碘位于性质和它极相似的溴的后面。

周期律的发现，使化学又一次渡过了它的迷惑时期，化学家们终于走出了那浓雾弥漫的山间深谷，开始向顶峰攀登了。

知识加油站

元素的概念：元素是质子数（即核电荷数）相同的一类原子的总称。

元素的分类：元素分为金属元素和非金属元素，其中非金属元素又包括普通非金属元素和稀有气体元素。

元素符号：国际上统一采用元素拉丁文名称的第一个字母（大写）来表示元素，如果几种元素的第一个字母相同，就附加一个小写字母来区别。

元素周期表：是学习和研究化学知识的重要工具，为寻找新元素提供了理论依据。元素周期表中，每一种元素占一格，每一格中的信息包括原子序数（核电荷数）、元素符号、元素名称、相对原子质量。

2.2 一波三折发现氧气

氧气是动物赖以生存的物质基础。没有氧气，也就不会有千姿百态的动物世界，当然更不会有人类。因为人如果没有氧气，六七分钟便会死亡。虽然它时时刻刻地"出入"我们的身体，无孔不入，虽然它的脚步走过世界的每个角落，无处不在，可是，直到 1772 年和 1774 年，舍勒和普利斯特里才各自独立发现氧气的存在，而其间的过程也是一波三折。

舍勒诞生于瑞典一户贫苦人家，他的兄弟姐妹很多，家庭经济困难。因无钱上学读书，舍勒 14 岁便到一家药店当学徒，开始自食其力的生活。舍勒聪明好学，又有坚强的意志，在三年的学徒中，他自学了当地图书馆里的全部化学书籍。这大大充实了他的基础知识，扩大了他的视野，使他了解了当时化学研究的一

舍勒和普利斯特里

些重大问题。舍勒还有一个很大的优点，就是对实验有浓厚的兴趣，非常喜欢动手做实验，他常常将制药中的问题通过实验去解决。

1772 年秋季的一天，舍勒在实验室里正埋头做制取硝酸的实验。他把硝石（硝酸钠）和矾油（浓硫酸）放入曲颈甑里进行高温蒸馏，并用盛石灰水的猪膀胱吸收放出来的棕色气体。他无意中把点燃的小蜡烛伸进猪膀胱，可是烛火不但没有熄灭，反而发出耀眼的光芒，这可把舍勒吓了一跳。他苦苦思索，反复实验，结果都一样。于是他得出一个结论：猪膀胱里还有一种未知的无色气体。

舍勒继续用其他药品进行实验，如加热硝石、硝酸汞或把二氧化锰与浓硫酸混合加热，都可以制得能使点着的小蜡烛发出更亮光芒的神奇的气体。舍勒把这种神奇的气体取名为"火气"。接着他又做了许多实验，发现"火气"在空气中也有，且占空气体积的 1 / 5。

无独有偶，正当舍勒精心做自己的实验的时候，英国人普利斯特里也在做他的探索实验。

普利斯特里的父亲是个裁缝，家中生活也很贫困，他一度辍学打工。成年以后，

生活迫使他当了一名牧师。艰苦的环境使他养成了许多优良品质,如爱学习、珍惜时间等。1766年,他遇见了著名美国物理学家富兰克林,受其教诲,决心献身自然科学的研究,从此他对空气产生了兴趣。

1774年8月1日上午,天气特别好,阳光明媚,万里无云,他的实验室也显得格外明亮。他的心情特别愉快,因为他前一天刚收到朋友瓦尔泰尔送来的一包红色三仙丹(氧化汞),他想用聚焦太阳光的方法来分解它。

11点钟,太阳光正强烈,他先把三仙丹放在玻璃瓶里,然后手持一个大的凹透镜,把太阳光聚焦到三仙丹上。很快,它便分解了,除了生成银白色的水银珠外,还有一种无色气体。普利斯特里把点燃的小蜡烛放入玻璃瓶里,看到的现象和舍勒的一样,小蜡烛的光芒更亮了。他把这种气体收集到另一个瓶子里,并试着用鼻子嗅了一下,没闻出什么味儿。接着,他从瓶子里深深地吸了一口气,肺里顿时觉得十分舒畅。他又把一只小白鼠放入瓶中,小白鼠非但没窒息而死,反而十分活跃。

普利斯特里记录上述实验时风趣地写道:"有谁能说这种气将来不会变成时髦的奢侈品呢? 不过,现在世界上享受到这种气体的只有一只老鼠和我自己。"

普利斯特里经过多次试验,确定空气中有1/5的气体是"活命空气"。他把自己的发现告诉了法国化学家拉瓦锡。拉瓦锡重复了普利斯特里的实验,确认这是一种新的气体,正式给它命名为"氧气"。

知识加油站

氧气

氧气的化学式 O_2,分子量32。

氧气的物理性质:通常情况下,氧气是一种无色无味的气体,不易溶于水,1L 水中溶解约 30mL 氧气。标准状况下,氧气的密度比空气的密度略大,在空气中氧气约占 21%。液氧为天蓝色,固氧为蓝色晶体。

氧气的化学性质:常温下不很活泼,与许多物质都不易作用。但在高温下则很活泼,能与多种元素直接化合,这与氧原子的电负性仅次于氟有关。氧气有助燃的作用。

2.3 "无用空气" 的大作用

我们周围的空气是个"大杂院",里面有氮、氧、二氧化碳、氢、氖以及水蒸气等。其中最多的是氮气,它占空气总体积的 78.16%,氧气只不过占空气总体积的 20.99%。而二氧化碳、氢、氖和水蒸气等所占的体积同氮气相比,那就是小不点了。纯净的氮气,在常温下是无色无味的气体,比空气稍轻一些。在 -195.8℃时,氮气成为无色的液体。如果温度下降到 -210℃以下,液体氮还会凝结为雪花般的白色晶体。在生产中,通常采用灰色钢瓶盛放氮气。

氮气的性质很不活泼,既不像氢气那样能燃烧,又不像氧气那样能助燃,平时也很难同别的物质结合在一起。人类认识氮气经过了一个漫长的历史过程。在很长时期里,人们以为空气是一种单一元素,直到 1771 年,瑞典化学家舍勒发现空气中有两种成分,一种成分能助燃,舍勒叫它"火气";一种成分不能助燃,舍勒叫它"无用空气"。后来,科学家们又发现,"无用空气"也不是单一的成分,它含有多种气体,其中绝大部分是氮气。

盛放氮气的钢瓶

自氮气发现以后,科学家们还继续做了大量实验,证明了氮主要以单质状态存在于空气中,约占空气体积组成的 78%。对氮气的不断研究,大大促进了人们对氮元素的认识和利用。

氮气虽然不能助燃,也不能帮助呼吸,但它在工业、农业、国防、医药以及人们的生活中有着极为重要的作用。

比如,农业上使用最多的是氮肥;用氮气填充粮仓可以使粮食不霉烂、不发芽、可以长期贮存。

博物馆里的贵重书画,常保存在充满氮气的密闭容器中,防止蛀虫的生存,避免氧气对书画的氧化作用。

在医疗上,分馏液态空气得到的液氮可作为深度制冷剂,用于治疗一些皮肤病,甚至癌症,冻死病变细胞。另外,许多药物(如常用的磺胺类药物,心脏病患者急救用的硝酸甘油等)也都是含氮化合物。氮还可以制备联胺及重要的氮化物和氰化物,这些物质在化工方面又有很多用途。

氮在工业上的用途也很广泛。由氮制成的硝酸,可以制造炸药;钢经过氮化处理后,表面形成了一层坚硬的合金氮化物,钢的硬度、耐磨性和抗疲劳性都有所提高,还有较强的抗腐蚀性及热硬性。氮提高了钢的性能,扩大了钢的用途。可以这样说,氮是人们不可离开的朋友。

知识加油站

易混淆概念

在氧化还原反应中有4对概念易混淆,它们是:氧化反应与还原反应;氧化性与还原性;氧化剂与还原剂;被氧化与被还原。这些概念均对反应物而言,它们之间的关系如下:

物质得氧→发生氧化反应→具有还原性→是还原剂→被氧化。

含氧化合物失氧→发生还原反应→具有氧化性→是氧化剂→被还原。

此外,还有一对概念——氧化产物与还原产物,是对生成物而言的。以氢气还原氧化铜的反应为例($H_2+CuO \xrightarrow{\text{高温}} Cu+H_2O$),氢气得到氧,发生氧化反应,氢气具有还原性,是还原剂,反应中氢气被氧化,氧化产物是水;氧化铜失去氧,发生还原反应,氧化铜具有氧化性,是氧化剂,反应中氧化铜被还原,还原产物是铜。

2.4 本领高超的氢元素

学化学的同学，没有谁不知道氢这个元素的。可是，你知道吗，人类认识氢元素花费了几代科学家的心血。在 400 多年前，人们甚至 "捉" 住了它还不知道它是什么。例如：16 世纪末，瑞士的一位化学家把铁片投进硫酸中，铁和硫酸顿时发生了激烈的化学反应，放出许多气泡——氢，可是当时还不敢确认它就是一种化学元素。17 世纪，英国著名化学家波义耳在研究金属铁、锌等与酸作用时，也曾观察到有气泡产生，但同样没有引起他的注意，也不曾对其性质做过任何探讨。

1766 年，英国化学家卡文迪许用铁、锌等金属与盐酸作用，制得了一种气体，并将气体收集起来进行研究。他发现这种气体与空气混合装在开口容器中，点燃时会猛烈爆炸，随之冲出容器，产生尖锐的爆鸣。显然，这种新气体不同于空气。于是，卡文迪许依其性质，将该气体命名为 "可燃气体"。后来，法国化学家布拉克将其灌入猪膀胱中，松开时，猪膀胱便徐徐上升。这在当时是十分新奇的现象，引起了人们的极大兴趣。这一实验进一步说明了 "可燃气体" 不同于普通空气，它比空气轻。但是，卡文迪许看到这个现象，仍然没有意识到自己发现的是一种新元素。因为一直坚持燃素说，卡文迪许与氢气失之交臂。直到 1783 年，氢才被确认为化学元素。

可见，在科学上研究一种现象、揭示一个真理，是多么艰难啊！

氢气是无色、无臭的气体。在大自然里，氢和其他许多元素结合在一起分布极广。水中含有 11% 的氢，泥土里约有 1.5% 的氢，石油、天然气、动植物体等都含有氢。氢气是最轻的气体。1780 年，法国化学家布拉克把氢气充进猪膀胱，做成了氢气球，使它冉冉飞向天空。现在，有些气象站几乎每天都要放几个巨大氢气球，用它们把仪器带上天空，探测高空风云的变化。节日里，人们还用五颜六色的氢气球来增添欢乐气氛。

氢气球

氢气,不仅丰富了人们的生活,而且在工农业生产中具有广泛的应用。

氢气约为同体积空气重量的1/14,氢气球除可以烘托节日气氛外,还被用于高空气象探测和防空,以及利用它携带干冰、碘化银等药剂在云层中进行人工降雨。

近代工业制造盐酸的方法之一,就是将氢气在氯气中燃烧生成氯化氢气体,然后溶于水而制得。氢气还可与氮气直接合成氨,进而制成各种氮肥,在农业生产中大显身手。

在有机化学工业中,在一定温度、压力和催化剂作用下,氢可以与一氧化碳反应,合成汽油、甲醇等。另外,氢还可跟煤、焦油、残油等作用,制造出人造汽油和其他化工原料。

作为燃料,液态氢有重量轻、发热量高、无环境污染等优点,因此氢是大有发展前途的优良燃料。日本等一些国家已研制出了氢能汽车。预计不久的将来,氢燃料将进入实用化阶段,我们的环境污染问题将会得到极大的改观。

知识加油站

跟氢有关的化学方程式

$2H_2 + O_2 \xrightarrow{\text{点燃}} 2H_2O$ 现象:淡蓝色的火焰

$Zn + H_2SO_4 = ZnSO_4 + H_2\uparrow$ 现象:有气体生成

$Mg + H_2SO_4 = MgSO_4 + H_2\uparrow$ 现象:有气体生成

$Fe + H_2SO_4 = FeSO_4 + H_2\uparrow$ 现象:变成浅绿色的溶液,同时放出气体

$2Al + 3H_2SO_4 = Al_2(SO_4)_3 + 3H_2\uparrow$ 现象:有气体生成

$Zn + 2HCl = ZnCl_2 + H_2\uparrow$ 现象:有气体生成

$Mg + 2HCl = MgCl_2 + H_2\uparrow$ 现象:有气体生成

$Fe + 2HCl = FeCl_2 + H_2\uparrow$ 现象:溶液变成浅绿色,同时放出气体

$2Al + 6HCl = 2AlCl_3 + 3H_2\uparrow$ 现象:有气体生成

$H_2 + CuO \xrightarrow{\triangle} Cu + H_2O$ 现象:由黑色的固体变成红色的,同时有水珠生成

$2Fe_2O_3 + 3H_2 \xrightarrow{\triangle} 2Fe + 3H_2O$ 现象:有水珠生成,固体颜色由红色变成银白色

2.5 和 "死亡元素" 的较量

1870 年的一天,巴黎的班特药店的门被猛地推开了,一个脸色蜡黄的中年男子跌跌撞撞地闯了进来。

"救——救我吧!"来人气喘吁吁,"我中毒了,吃了砒霜。"

年迈的药师爱莫能助,无可奈何地垂下了双手,悲切地说:"没办法,你有什么话要留下吗?我们会设法转告你的家人。"

"等等!"在令人窒息的沉默气氛中,一个小学徒挤上来,看了看病人,转身拿了一些酒石酸锑钾和另一些药让他服下。病情缓解了,病人战胜了死神。这位妙手回春的药店小学徒就是后来制取"死亡元素"——氟的法国著名化学家莫瓦桑。由于他在制备元素氟方面做了大量研究工作,因而荣获 1906 年度的诺贝尔化学奖。

1872 年,莫瓦桑偶然听人谈起,居于卤族元素之首的氟元素,化学性质活泼难以驾驭,世界上还没有人制出单质的氟,连戴维、盖·吕萨克等一流的科学家的实验都没有成功,他们还险些丧命,更可悲的是氟先后夺去了布鲁塞尔的鲁耶特、法国尼克雷等研究者的生命。

"我不怕!"莫瓦桑秉着为科学而献身的坚定信念,立志和"死亡元素"较量一番。试验中莫瓦桑虽差点为之殉难,但最后还是用电解法制取了氟。下面就让我们来认识一下氟。

莫瓦桑

氟,这个词在希腊语里意指"破坏"。氟对人体的生理作用是强烈的,氟离子在低浓度下也能抑制或促进酶的化学作用。倘若人体内因食物、饮水或呼吸而进入大剂量的氟,会导致代谢紊乱,内分泌系统及呼吸系统损坏,而引起急性中毒;氟在动物机体中富集会使骨骼脆化,氟对植物也有损害,尤其是对植物胚芽发育危害更大,土壤中氟含量超标是直接影响种子发芽的重要因素。此外,氟化碳排入大气还会严重破坏地球的臭氧层。众所周知,正是由于臭氧层的存在,才使人类不会受到过多的紫外线辐射而导致损伤。氟的危害固然值得密切关注,但氟又因化学性质活泼,在一定条件下甚至可使惰性气体一反常态,欣然与之结合,同样引起人们的兴趣。在稀有金属、有色金属、医疗化工等领域,氟无不起着举足轻重的作用。

其实,我们不必谈"氟"色变,我们不是可以买到一种"氟化钠牙膏"吗?这是因为适量的氟有利于骨骼和牙齿坚实,有预防龋齿的作用。在日常生活中还到处可见氟的踪迹,如曾经作为冰箱制冷剂的氟利昂、电子炊具上为防油而涂上的聚四氟乙烯薄膜等。聚四氟乙烯有塑料王之称,它充分体现了含氟高聚合物具有良好稳定性的优异特性:既耐冷又耐热,更为可贵的是不怕酸碱腐蚀,在王水中也安然无恙,这是黄金也望尘莫及的,因而在宇宙航行、尖端科学、国防军事工程建筑上得以大显身手。

一些过氟化物强大的吸氧与放氧功能,使医务工作者欣喜若狂,大可作为人工代血浆的理想物品,充氧氟化碳乳剂在临床应用中,已使数名失血过多的患者转危为安。

原子核能的利用将是今后动力界的一支生力军,而制备浓缩铀燃料,首先得生产六氟化铀,再通过分离工艺获取。原子能动力工程的发展之速,也致使氟用量大幅度上升。然而,科学家们却很不乐观地指出,氟的世界蕴藏量仅为100万亿吨,并且90%以上伴生在磷矿原料中。更令人失望的是,在磷肥生产时,原料中氟的回收率往往不超过40%~50%,作为成品出售。大部分氟以气态、灰尘等形式进入大气或水域造成环境的污染。为此,氟的回收和综合利用已成为刻不容缓的课题。

知识加油站

化学方程式

用分子式来表示化学反应的式子,叫作化学方程式。化学方程式的意义:

意义	$2KClO_3 \xrightarrow[\triangle]{MnO_2} 2KCl + 3O_2\uparrow$
表示反应物和生成物	反应物——$KClO_3$ 生成物——KCl 和 O_2
表示反应物和生成物的分子个数比	每 2 个氯酸钾分子分解,就生成 2 个氯化钾分子和 3 个氧分子
表示反应物和生成物的质量比	反应物和生成物的质量比为 每 245 份质量的 $KClO_3$ 分解,生成了 149 份质量的 KCl 和 96 份质量的 O_2

书写化学方程式的两个原则:

(1)必须以客观事实为基础,绝不能凭空设想事实上不存在的化学反应。

例如,碱能跟某些盐反应生成另一种碱和另一种盐,可以用化学方程式表示如下:

$$2NaOH + CuSO_4 == Cu(OH)_2\downarrow + Na_2SO_4$$

但不能随意用任何碱跟盐反应,如下式:

$$Cu(OH)_2 + Na_2SO_4 == 2NaOH + CuSO_4$$

是不成立的。因为 $Cu(OH)_2$ 等大多数碱是难溶性的,它不能跟盐起反应。

(2)要遵循质量守恒定律。参加化学反应的各物质的质量总和,等于反应后生成的各物质的质量总和,这个规律叫作质量守恒定律。

按质量守恒定律,等号左右两边的各种原子总数必须相等。化学方程不同于代数方程,不能随意将等号左边的反应物移到等号右边的生成物中去,更不能为了使等号左右两边的各种原子总数相等而修改分子式。如下列方程式:

$$2KClO_3 \xrightarrow[\triangle]{MnO_2} 2KCl + 3O_2\uparrow$$

不能为了配平方程式而写成:

$$KClO_3 \xrightarrow[\triangle]{MnO_2} KCl + O_3\uparrow$$

2.6　小数点后第三位数字的价值

氦是人类发现的第一个惰性元素,它的发现饶有趣味。它是英国物理学家瑞利在对气体密度作精密测量时发现的。他的发现,是小数点后一个不起眼的小误差所提供的机遇。

瑞利以善于用较简单的实验设备获得十分精确的数据而著称。自 1882 年起,瑞利开始研究大气中各种气体的密度。在当时,大气中的氧和氮都已被发现并确定为元素,科学界大多数人都深信大气的成分已经研究得很透彻了——主要成分是氧和氮,还有少量碳酸气和水蒸气。瑞利分别用电解水、加热氯酸钾和加热高锰酸钾三种方法制取纯净的氧,测得了它们的密度完全相同,并确定了氢和氧的密度之比为 1∶15.882。接着,他在测定氮的密度时发现从大气中除去氧、碳酸气和水蒸气后所得的氮气的密度为 1.2572 克／升,而由亚硝酸氨制得的氮的密度是 1.2508 克／升,两者相差 0.0064 克／升。尽管在实验允许的误差范围之内,但瑞利没有放过这小数点后第三位和第四位数字上的误差,他以高达万分之一克灵敏度的天平反复测试,结果证明了这个差别仍然存在。

瑞利

瑞利对这个不起眼的误差百思不得其解,他撰文在《自然》杂志上公开征答。

瑞利的征答公布后,一位学者向瑞利提供了卡文迪许在 100 多年前遇到的一个重要实验事实:卡文迪许曾经在玻璃容器里用电火花使氮和氧化合,他发现不论化合过程延续多久,总有一个小气泡不能被氧化,从而猜想空气中的浊气不是单一的,还有一种不会与氧化合的成分,其总量不超过全部空气的 1／120。另一位有心人、年轻的化学家拉姆塞表示要与瑞利合作。拉姆塞刚发现了化合物氮化镁具有吸收大量氮的本领,他因此推测,瑞利发现的细微误差,可能是两种方法制取的氮不纯而引起的。他试图用氮化镁来检查氮的纯度,然而实验结果表明:用空气中的氮制取氮化镁之后,剩余的氮越少,测得氮的密度就越大。开始时氮的密度接近 14,氮化镁生成后,又吸附剩余的氮,剩下氮的密度从 15 一直上升到 30。拉姆塞仔细观察,重复精密称量,屡试不爽。他因此推断,也许剩余气体中存在三原子的氮(N_3,密度为 21),或者存在其他未知的较重元素。拉姆塞决心与瑞利一起解开这个难题。

瑞利重复了卡文迪许的实验,发现在电火花使氮和氧化合的过程中,果然有小气泡不能被氧化,他认为卡文迪许的猜想是有道理的。他和拉姆塞进行了多次测定,以判断"从化合物中制得的氮"和"从空气中制得的氮"是不是一回事。他们先把从"化合物中制得的氮"与镁一起加热,或与氧混合通以电火花,再用"从空气中制得的氮"进行同样的试验,两者对照。结果证明前者制得的氮是纯氮,后者不是纯氮,含有较重的新元素。

1894 年 8 月 3 日在牛津召开的英国科学振兴会上,拉姆塞和瑞利公布了这一发现。新元素被命名为氩(意为"懒惰者")。他们以辛勤的劳动请出了躲藏在深处的"懒惰者"。

1888 年,美国矿物学家将无机酸加入铀矿中发现有一种不活泼的气体发生,而误称为氮。拉姆赛见到这个报告时,重做了这个实验,结果发现与存在的太阳元素——氦的谱线相同,证明了氦在地球空气中也有,但只占空气成分的 1/250000。

由于发现了氩和氦,并确定了它们在元素周期表中的位置,拉姆赛于是断定在空气中至少还有三种类似的气体。他与英国另一位化学家特拉维斯合作,在三年时间内,终于找到了这三种气体:氖、氪、氙。他们发现的方法是将空气液化,再进行分离而得到。这三种气体都少得可怜,例如氙,只占空气的一亿七千万分之一。拉姆赛根据放射能的研究,在理论上创立了元素的变质论。1910 年,拉姆赛与格莱合作,经反复探索,最后发现了具有放射性的惰性气体——氡,完成了整个惰性元素的发现。

知识加油站

惰性气体的化学活性为什么如此懒惰呢?

这是由它们的原子结构决定的。惰性气体原子的外层电子不多不少恰好排满,处于最稳定的状态。它既不肯"贪他人之财"夺取别的元素的电子而显电负性,又不肯献出自己的电子而显电正性。这样不送出电子也不纳入电子,使得它不容易和别的元素发生反应,而乐于保持"光荣的孤立"。就是在同种原子间,彼此也很少来往,不像氢、氧、氮、氯等许多气体分子那样呈双原子存在,而惰性气体分子呈单原子状态。因为它们分子间的结合力相当微弱,所以熔点和沸点都比其他分子量相近的物质要低得多。氢气的沸点就很低了,而氦的沸点比氢还要低,并且根本成不了固体,即使温度降到接近热力学零度即 −273.16℃仍是液体。

2.7 像水一样的金属

200 多年前,罗蒙诺索夫曾对金属的概念做过简明解释:"金属应是坚硬、可展而有光泽的物体。"然而,这个定义虽然适于其他金属,却不能包括唯一的液态金属——汞。

常温下,汞的外观是银白色的,其状如水,故被称作"水银"或"银水"。汞是已知液体中密度最大的,为 13.6 克／厘米^3。如果有某个举重运动员将钢制的杠铃放进水银池子里,它会像软木塞在水中一样浮在汞的表面,因为铁的密度才 7.8 克／厘米^3,要比汞小得多。1759 年,有人首先将汞冻成固态,这是一种呈银白 - 青蓝色的金属,色泽很像铅。如果将汞斟入形状如锤子的容器内,随即用液氮迅速制冷使其冻成固体,那么制成的汞锤可以成功地将钉子钉进黑板。不过动作要快,因为汞锤会昙花一现地在你眼前融化。

"银水"这个名字是 1 世纪时的希腊医生季奥斯科里德起的。医生与汞有世交,这并不奇怪,因为汞有药效。比如给肠扭结病人口服 200～250 克汞,重而流动性强的汞能通过肠道解开扭结部位。今天,我们虽然已采用其他更可靠的方法治疗肠扭结,但各种汞化合物仍在医学界广泛使用:升汞(氯化汞)具有消毒作用,甘汞(氯化亚汞)可作为泻药,美尔库萨尔是一种汞质利尿剂,某些汞软膏可用于治疗皮肤病。

由此可见,汞的用途很多,但汞最为突出的特点是,它在 0～200℃之间体积膨胀系数很均匀,又不润湿玻璃,故可用来做温度计。温度计中的汞柱为什么受热会上升,遇冷又下降呢?

原来,汞是由汞原子组成的,汞原子与汞原子之间有一定的间隔,这种间隔受热增大,遇冷减小。当汞原子间的间隔增大时,液体汞的体积增大,汞柱就会上升;汞原子间的间隔减小时,汞

水银体温计

的体积收缩,汞柱便会下降。这样,根据汞柱的上升或下降,就可以判断温度的高低。经过实验测定,人们又掌握了汞的体积变化与温度升降的准确的数量关系,设计出温度计。因此,用温度计就能准确地测知温度的高低了。

不过需要注意的是,汞是有毒的,汞的蒸气进入人体,会破坏肾脏,使它丧失从血液中排除废物的能力;还会引起古怪的神经症状,甚至死亡。比如,俄国沙皇伊凡雷帝曾因关节疼而长期使用汞软膏,以致变得暴戾急躁,反复无常,甚至在发怒时亲手杀死了自己的儿子。16世纪时的瑞典埃里希十四世之死一直是个悬案。400多年后的今天,科学家用先进的核物理技术测出,这个君主遗骸的头发中汞含量大大超过正常标准,证实他死于汞中毒。

因此,若不慎将温度计打破,金属汞洒落地面或其他地方时,我们应尽量将汞收集起来,用硫黄粉将其处理掉。因为散落在地板和室内器具上的金属汞粒会不断蒸发,引起慢性汞中毒。如果无法收集干净,也应该立即在有汞的地方撒一些硫黄粉,使汞转化为硫化汞。万一发生了汞中毒事故,可用牛奶或蛋白进行解毒,因为它们所含的蛋白质可以沉淀藏在胃及消化道里的汞。

知识加油站

化学实验中的注意事项

1. 在进行化学实验的时候,要做好防护措施,浓酸及烧碱都是有非常强的腐蚀性的,因此绝对不能溅到衣服上,更不要说是皮肤上。

2. 使用试剂之前,先要看好标签,认真了解注意事项。

3. 不要用嘴品尝试剂;不要因为好玩,随便去闻有害气体。

4. 不要在化学实验中吃、喝东西。

5. 在使用浓硝酸、盐酸、硫酸的时候,还有其他带有毒性或者是恶臭气味气体做实验的时候,一定要在通风的情况下进行操作。

6. 打开易于挥发的试剂瓶塞时,不能直接把瓶口对着自己的脸部或者是其他人,也不要用鼻子去闻。

7. 在拿试剂的时候,瓶塞要放在干净的地方,取完试剂之后要马上密封好。

8. 在实验室,要严格按照老师的要求去做,不要随便把两种物质混合在一起。

9. 在化学实验室稀释硫酸的时候,一定要在耐热的容器里面进行,而且要在不断地搅拌下,缓慢地把硫酸添加进去。绝对不要直接把水添加到浓硫酸里面,避免出现酸液的溅射,这是非常危险的。

10. 实验做完之后剩下的药品不能放回到原来的瓶子里面,也不能随便乱丢,更不能拿出化学实验室,而是要放到指定的回收容器里面。

2.8 未来的"钢铁"

金属是人类制作各种工具和用品的最重要的材料之一。人类应用最广泛的金属先是铜,然后是钢铁,铝在其次。那么,放眼未来,金属世界中谁将取代钢铁,成为人类应用最广泛的金属呢?有一种说法是钛。这是为什么呢?

人们在选择金属材料时,常有一条要求,就是这种材料的密度要小,而强度要大。物质的强度与相对密度的比值称为这种物质的"比强度"。金属的比强度越大,越为人们所欢迎。钛的最珍贵的特性,就是它在目前发现的所有金属材料中比强度最大。钛的相对密度约为 4.5,铁的相对密度约为 7.9,铝的相对密度约为 2.7,钛的相对密度不是最小;但由于钛的强度要比铁、铝大几倍,因而钛的比强度超过了其他的金属材料,是不锈钢的 1.6 倍,铝合金的 1.3 倍。

钛金属制品

制造导弹、火箭、人造卫星、宇宙飞船的材料对于比强度的要求特别高,既要牢,又要轻。远程导弹的重量每减轻 1 千克,射程可增加 77 公里;末级火箭的重量每减轻 1 千克,射程可增加 15 公里。所以导弹、火箭的外壳,宇宙飞船的船舱、骨架,都要用钛和钛的合金来制造。另外,一般坦克的履带和悬吊装置如果改用钛合金制造的话,重量就可减少近半,战斗力就能大大提高。

钛还有很好的耐热、耐冷本领,从 –253℃到 500℃,它的性能保持不变,因此可在许多特定的温度条件下很好地工作。

随着现代航空事业的不断发展,飞机的飞行速度越来越快。当飞机的飞行速度超过声速 2~3 倍时,机翼前缘与空气摩擦产生的温度高达 400~500℃。不锈钢在 310℃时,铝在 170℃时,都会失去原有的性能,铝镁合金制成的机翼也抵挡不住这么高的温度,唯有钛和钛的合金才能胜任。所以,现代超声速喷气飞机的许多部件都要用钛合金来制造。制造一架巨型喷气式运输机,要用去几吨甚至几十吨的钛。还有为了在低温条件下仍能承受很大的压力，导弹和火箭的燃料氧化剂储存箱和其他的高压容器，也常用钛合金来制造。

钛和钛的合金还具有良好的抗腐蚀能力，特别是耐海水腐蚀的本领十分优异。有人曾把一块钛板浸入海水中五年，取出来时钛板仍然亮光闪闪，没一丁点儿受腐蚀的痕迹。用钛合金制造的轮船，可以不涂油漆去海中航行。

潜水艇用钛制造，强度比用不锈钢制造的增强 80%，能潜入深达 4500 米的水下航行。另外，钛没有磁性，用钛制造的军舰，磁性水雷也无法跟踪。

在医疗上，用钛和钛的合金制造的金属器件可移植到人体内代替某些器官。

总之，现代科学技术的发展离不开钛"这朵初绽的鲜花"，钛的应用前景是无限广阔的。目前，钛的生产工艺还比较复杂，价格还比较昂贵，因此尚不能广泛使用。将来，待目前冶炼中存在的问题解决以后，它必定会在更多的方面取代钢铁，成为应用最广泛的金属。

知识加油站

金属锗的"怀才不遇"

目前，在地壳中已发现的两千四五百种矿物中，能为人类利用的不过 200 余种，许多矿物资源仍被闲置，有的"相貌"平凡，不受人重视而被当成"废物"扔掉，像当代半导体的重要材料之一——锗，有半个多世纪不为人们所重视，它常与煤渣、烟灰一起被扔掉。当人们发现锗具有优良的半导体性能，是制作电子计算机、雷达、辐射探测器及红外线光源器件等不可缺少的材料之一时，它就一举成名，成为现代电子工业的尖兵。

2.9 神秘失踪的军装扣子

有一年的冬天,俄国彼得堡的天气异常寒冷,气温突然降到了零下三十多摄氏度。于是,军营里开始发军大衣了。奇怪的是,这次发放的军大衣全都没有扣子。官兵们非常气愤,上告到沙皇那里。沙皇知道了这件事后大发雷霆,下令要严惩监制军装的大臣。大臣恳求宽限几天,以便对此事进行调查。

大臣叫来仓库管理员询问,管理员告诉他,这些军装入库时,确实都钉有锡做的扣子。大臣又亲自到仓库里去调查,翻来翻去竟发现没有一件大衣上有扣子,只是在每个钉扣子的地方有一小堆灰色粉末。"扣子是不可能丢的。那么,这数以万计的扣子究竟去哪里了呢?"大臣百思不解。恰巧,大臣有位化学家朋友,他听说这件事后,就对大臣道出了锡纽扣失踪的秘密。

原来,锡有一个奇异的性质,它对寒冷的感觉非常灵敏,一受冷就会"生病"。这时候它就由银白色慢慢变成灰色,体积逐渐增大,同时开始破裂,而且常常碎成粉末。到了零下三十多摄氏度时,这种变化的速度就会大大加快。锡的这种病很严重,就是所谓"锡疫"。

在锡疫之谜没有揭开之前,面对锡疫带来的严重后果,人们困惑、怀疑甚至束手无策。许多很有艺术价值和历史价值的锡器,都因为得了这种"病"而损毁掉。有病的锡还会把这种病"传染"给没有病的锡。据法国历史学家记载,拿破仑在俄国退兵的原因之一就是:在天寒地冻的气候条件下锡制装备碎裂损坏。

纯净的锡

锡还有许多独特的性质。大家知道锡会"喊叫",就是说当锡棒或锡板弯曲时,会发生一种特别的、仿佛是哭声的爆裂声。人们把这种现象叫作"锡叫",把这种锡称作"响锡"。这是白锡晶体在弯曲时互相摩擦引起的,当锡中混有铅时这种声音就会降低。

纯净的锡是柔软而又不结实的金属,不利

于制造用品,但是在铜里面掺上少量的锡,便制成一种金黄色的合金——"青铜",它的质地优良:比纯净的铜硬(青铜的硬度可达纯铜的 3~5 倍),极容易浇铸、锻打和加工。青铜的这些性质使人类有过一个时期广泛地应用它,考古学家甚至特别划出了一个历史时代,叫作青铜器时代。

另外锡跟铅、锑等金属也都能生成质地优良的合金。锡跟铅的合金叫作巴弼合金,在巨大的、精密的仪器和机床里面,如果有钢轴转动得非常快,为了防止它出问题,就要用到巴弼合金。所以这种合金又称为"减摩合金",因为它非常耐磨损。它在技术上的意义是极大的,可以大大地延长贵重机器的使用年限。锡可以"焊接"别种金属,这个性质也很重要。

知识加油站

马口铁

镀锡的铁片叫马口铁。1 吨锡可以覆盖 7000 多平方米的铁皮。马口铁主要用于罐头工业。如果注意保护,马口铁可使用十多年而保持不锈。但是,一旦锡层破损,铁皮锈蚀的速度就会加快。这是因为铁比锡活泼,在它们共同接触电解质溶液时,就形成了原电池,铁作为原电池的负极逐渐被氧化。"马口铁"这名字的由来有多种说法,其中之一是:由于新中国成立前我国不能生产这种镀锡的铁皮,而是由英国从印度经西藏阿里部马口地方输入的,所以叫作马口铁。

2.10 矾土里飞出的"银凤凰"

100 多年前,显赫一时的拿破仑三世为了表示自己非凡的尊贵,连黄金与珍宝做成的王冠也不愿戴。他命令官员给他用最名贵的金属做一顶新的王冠。人们就遵命去定制了一顶比黄金更名贵的王冠,拿破仑戴上它,接受百官对他的朝拜。这种比金子还要珍贵的"稀有金属"到底是什么呢? 说出来真令人难以置信,珍贵的金属竟是铝!

为什么铝在当年如此稀罕,只能作为少数人炫耀财富和权力的装饰品? 难道是由于铝在地壳中含量极其稀少吗? 不,地壳中含量最多的金属元素就是铝。

地壳的岩石有一半是由长石构成的,花岗岩、片麻岩及黏土中都有大量的长石。长石的化学组成是铝硅酸盐。据计算,地壳中铝的含量仅次于氧及硅两种非金属元素,名列第三,它比铁的含量还多 60% 呢!

人类认识铁、利用铁及冶炼铁早在几千年以前就开始了。而铝却直到 1827 年才被化学家在实验室中用很活泼的金属钾从氯化铝中置换出来。铝那么晚才被发现,是由于它的性质活泼,与氧结合紧密,很难被提炼出来。甚至在发现后的最初 60 年间,铝仍一直处于"稀有"的状态,无法大量提炼。

1886 年,美国奥伯林学院化学系的学生霍尔听教授讲,铝的性能非常优异,是一种大有前途的金属,问题的关键是要找到一种成本低廉的炼铝方法。

年轻的霍尔决心突破这一关键,他收集了做化学试验用的烧瓶、烧杯、试管及炼铝的原料——矾土等,在家中的柴房里搞起试验来了。

怎样着手呢? 矾土的化学成分是氧化铝(Al_2O_3),它既不溶于水,又很难熔融,熔点高达 2054℃。因为铝和氧结合得很牢固,所以需要用比铝更活泼的金属如钾从氧化铝中把铝还原出来。但是由于钾价格高昂,因此这种方法不可能投入工业生产。

聪明的霍尔想:钾与钠比铝更活泼,当年化学家戴维是用电流把它们提取出来的。我也用电流来试试看,想必也能从氧化铝中分解出铝。

想法是对头的,实践起来却又有新的矛盾需要解决。氧化铝很难熔化,电流如何通过它呢?看来需要找到一种使氧化铝在较低温度下熔化成液体的方法。功夫不负有心人,霍尔终于发现,把氧化铝和冰晶石混合,它们可在 1000℃左右熔化;再对这种混合物的熔融液体通以直流电,铝就被还原出来。

年仅 22 岁的霍尔怀着无法抑制的激动心情,带着第一次获得的几块铝去见他的教授。为了纪念霍尔的功绩,至今,这几块铝还珍藏在美国制铝公司中。

1914 年,第一次世界大战正在法国北部激烈地进行。一天拂晓,在前线的英法联军发现,德国的齐格林飞艇旋风般地掠过天空。它那巨大的身躯飞在头顶上,就像怪物一样,压迫得人简直透不过气来。战场上顿时一片惊恐,高炮部队以密集猛烈的炮火轰击齐格林飞艇。终于,有一架飞艇被击中而坠毁了。当时英国人和法国人急于要知道,为什么齐格林飞艇能带着那么多炸弹,飞得那么高、那么远?制造这种飞艇用的金属材料是什么?于是从战场上收集了飞艇残骸送交科学家去分析。

秘密终于揭开了。制造飞艇的金属是铝,更确切地说是铝的合金,这种合金叫杜拉铝,又叫坚铝。它是在铝中加入 4% 的铜及少量的镁,制成的一种坚韧的铝合金。

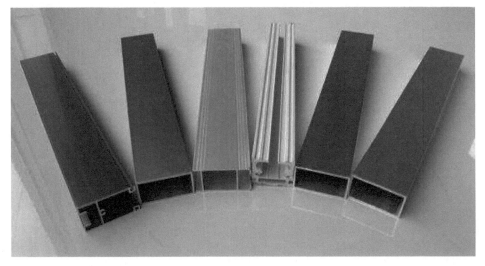

铝合金

坚铝能保持铝的密度小、分量轻的优点，又弥补了铝太软的缺陷，大大提高了铝的强度。在坚铝表面镀一薄层纯铝，可提高坚铝的耐腐蚀性。人们很快就认识到密度小而又具有一定强度的铝合金，对于新兴的航空工业来讲实在太重要了。从此，铝就成了制造飞机、飞艇、飞船不可缺少的金属，它是人类用劳动和智慧从泥土里培育出来的银凤凰。

知识加油站

金属铝的性质

金属铝的密度为27克每立方厘米，而铁的密度几乎是铝的三倍。因此现在整架飞机用的材料，按重量计，50%～70%是铝。减轻重量对于发射人造卫星及宇宙飞船来讲显得格外重要。人造卫星或宇宙飞船每减轻1千克，就可以节约发射费用数万元。人类首次登上月球的登月舱外壳就是用铝和钛的合金制成的。如今，汽车工业、机器制造业，也用部分的铝代替钢铁。

2.11 医治钢铁的"癌症"

癌症是一种恶性疾病,钢铁的苦恼,正在于它也会患"癌症"——腐蚀:锃亮的金属变成了褐黄色,光洁的表面坑坑洼洼,光滑的管子开裂……那么,钢铁制品为什么会生锈呢?

原来,钢铁的主要成分是铁。试验证明,铁在干燥的空气中不会生锈,在没有溶解氧的水中也不会生锈。如果把铁置于潮湿的空气中,水和空气中的氧同时和铁作用,生成红褐色的水合三氧化二铁,这就是铁锈的成分。由于铁锈的结构蓬松,不能阻止铁的继续锈蚀,久而久之,钢铁制品便白白地被锈蚀掉了。

医治这种锈蚀"癌症"的办法,只好找"外科医生":在钢铁的表面涂抹一层涂料做保护,也可以用电镀的方法给钢铁镀上一层抗腐蚀性较好的镍、铬、镉、锌、铜等金属。这些办法的实质是,使钢铁与空气隔绝,但这保护层并不能天长地久,也不能根治腐蚀。

布满铁锈的剪刀

保护钢铁的最有效办法是,制成耐腐蚀的不锈钢。要问谁发明了不锈钢,这里面还有一段十分有趣的故事。

在第一次世界大战期间,由于当时的炼钢技术还不成熟,英军所使用的枪支常常因为枪膛磨损而很快就不能使用,于是,前线的军需官只好把这些枪支运回后方修理。修理时更换的新枪膛用不了多久,又到了报废的程度。

要彻底解决问题,还需要研究和开发耐磨损的钢材。英国军事部门把这个任务交给了工程师布雷尔利。

布雷尔利和他的助手要做的第一项工作就是大量收集国内外生产的各种牌号的钢材,除了在材料试验机上进行磨损性能的试验之外,还要用这些钢材做成枪膛,送到靶场进行实弹射击试验。

布雷尔利的实验室好像一个钢材博物馆,钢材多得连架子上都放不下了,他们只好把钢材堆在实验室的角落里。

有一天，布雷尔利认为有必要清理一下实验室，实际上就是清理钢材。他的助手突然在实验室角落里发现了一块闪闪发光的钢材。助手对工程师说："您还记得这块钢材吗？这是工程师毛雷尔先生送来的含铬的合金钢，因为它的耐磨性能不是特别好，并不适合制造枪膛。但是它这么光亮，也许还会有其他用途吧！"

从此以后，布雷尔利和他的助手开始了一种新的实验，他们把这块含铬的合金钢放在各种酸、碱、盐的溶液中，证明它都不受侵蚀。为了找出它的成分，布雷尔利对它进行了一系列化验，最后，才发现它原来是一块特殊比例的铁铬合金——加12%的铬炼出的合金钢才是最理想的不锈钢。为了给这种钢寻找新的用途，布雷尔利和他的助手制出了世界上第一把不锈钢水果刀，接着又制成了不锈钢的叉、勺、盘、杯。

后来，布雷尔利获得这种不锈钢的生产专利，这项专利给这位英国的金属专家带来了丰厚的收入。这种钢在世界上被广泛使用后，人们又试着在其中加进少量的镍、锰、铜等金属元素，进一步加强了它的耐锈性能。

不锈钢的种类已经逐渐发展到几十种、上百种，添加的金属范围也扩大了很多，从早期的含铬、镍、硅和钨的合金钢，变成了可加入铜、铌、钛、锰、铝等多种成分的合金钢。

不锈钢之所以能够耐腐蚀、不易生锈，主要是因为钢的表面形成了一层极薄的铬和其他金属的氧化物，薄膜虽然很薄，但却是既稳定，又坚韧，而且能阻止钢材被锈蚀。

现在，不锈钢主要用于制造化工厂、食品厂、制药厂里庞大的反应罐和各种管道等重要生产设备，为生产出高质量的产品做出重要贡献。

知识加油站

金属的锈蚀

（1）铁制品锈蚀的条件：铁制品锈蚀主要是铁与空气中的氧气、水蒸气等发生化学反应的结果。

（2）铁制品表面的锈要及时去除：这是因为铁锈疏松多孔，不仅不能阻止铁制品与空气、水的接触，还会把空气和水保留在铁制品的表面，进一步加速铁的锈蚀。

（3）防止铁制品锈蚀的方法有：

保持铁制品表面干燥和洁净；

在铁制品表面涂一层保护膜；

通过化学反应使铁制品表面生成一层致密的氧化物薄膜；

制成合金，以改变金属的内部组成和结构。

2.12 "奇妙万能"的黄金

"金子,黄黄的,发光的,宝贵的金子!只这一点点儿,就可以使黑的变成白的,丑的变成美的,错的变成对的,卑贱变成高贵,老人变成少年,懦夫变成勇士。"英国戏剧家莎士比亚曾经用这样一段话来描述黄金在私有制社会里的魔力。其实,黄金无论作为一种金属,或者作为一般商品,都不是神秘的东西。它在有些人的心目中之所以这么"奇妙""万能",只不过是因为它充当了货币。

黄金一向号称"金属之王",它是一种黄澄澄、沉甸甸的东西。耀眼的黄金色,使得金子具有美丽的外表;它所以"沉甸甸",因为黄金是一种重金属,原子量约为196.97。1千克黄金的体积,约相当于每边长3.71厘米的立方体,或半径2.5厘米的圆球。由于体积小,携带和储藏都比较方便,所以它具备了做货币的有利条件。

黄金不仅体积小、价值大,还质地均匀,易于分成不等的重量。黄金性质稳定,熔点相当高(熔点约为1064℃),1000℃的高温,既不熔化,也不氧化,仍能保持它美丽的色泽,所以说"真金不怕火炼"。正因为黄金有这些与众不同的优点,而且产出数量比较稀少。所以自古以来,金子便被视为珍贵而带有神秘色彩的物品,一直被当作铸造货币或装饰品的材料。正由于黄金品性出众,色泽艳美,博人喜爱,它的地位便逐渐超出了与它同类的"龟、贝、刀、布",而成为货币中的骄子。

"金无足赤",这是我国有名的成语,它科学地反映了一种客观规律:不纯是绝对的,纯是相对的。"水至清则无鱼""金至纯则为泥"。因为纯金太软,所以铸造货币或装饰品时,纯金都嫌过软而不适用,必须加入少量的其他金属,以增加它的硬度。通常,金币和其他金制品都不是纯金的,把纯金含量与金制品的总量加以比较,才能衡量出这一金制品的纯净度。表示这种纯净度的方式有两种:一种是用数字或千分数(‰)表示,例如纯净度为 800 的金制品,就是含金量为 800‰,也就是 80%,另外的 20% 则为其他金属;另一种是以"开"为单位,规定纯金为 24 开,所谓"22 开",即指其中有 2 份为其他金属,余可类推。

那么,这么贵重的金属是如何得到的呢?

古时候,人们获取黄金的方法极其简单,仅仅是收集由于种种原因而露在地面上的天然黄金,还谈不上炼制,仅仅是采集而已。

在这个采集黄金的过程中,人类开始动脑筋了,那就是想办法使金粒和砂石分开,其成果就是"冲洗法"的发明。把含有沙金的泥沙放在流槽上,放水冲洗,轻的泥沙随水冲走,金的密度大,留在后面。人们收集起留下来的黄金,并将它熔炼成块。在古代埃及就有利用这种冲洗法的证据。公元前 1800 年左右,阿门哈脱二世的墓碑上所写"……余曾命奴比亚酋长们冲洗黄金……"的话便是证明。

但是,这样的"冲洗法"只能用来采集沙金,却不能用来取得矿石里所含的黄金。要取得矿石中的黄金,技术还要加以改良,后来人们发明了"淘汰法"。这种方法是先用石臼把含金的矿石研成粉末,然后再用冲洗法使黄金和矿石粉分开。这种方法在埃及、印度都曾广为应用,已经发掘到的粉碎矿石用的石臼可以说明这一点。

然而"淘汰法"也有缺点。把矿石粉碎成粉末,黄金也就很容易和石粉一起被水冲走。为了补救这种缺陷而创造出来的是现在所说的"混汞法",即将水银和含金的矿石粉混合,黄金便和水银一起分离出来,再加热使水银蒸发,剩下来的便是黄金。据考察,公元前 10 世纪左右,腓尼基(叙利亚西部靠地中海的古代国家)人就曾用过此法,说明这一方法是很古老的。

以后,人们又创造出了更好的炼制黄金的方法,那便是公元前 5 世纪左右出现于波斯时代的"氯化银分离法"。从含金矿石里提出来的黄金里有时难免掺有一些白银,为了把金、银分开而产生的就是这一更高水平的方法:把金、银的混合物和食盐混合后加火煅烧,这样,其中的银变成氯化银而分离出去,然后再用水把剩下来的食盐溶化掉,最后剩下来的便是纯粹的黄金了。

知识加油站

与铁有关的化学反应

$Fe+2HCl = FeCl_2+H_2$ 现象:铁粉慢慢减少,同时有气体生成,溶液呈浅绿色

$FeCl_2+2NaOH = Fe(OH)_2\downarrow +2NaCl$ 现象:有白色絮状沉淀生成

$4Fe(OH)_2+O_2+2H_2O = 4Fe(OH)_3$ 现象:氢氧化铁在空气中放置一段时间后,会变成红棕色

$Fe(OH)_3+3HCl = FeCl_3+3H_2O$ 现象:红棕色絮状沉淀溶解,溶液呈黄色

$Fe(OH)_2+2HCl = FeCl_2+2H_2O$ 现象:白色絮状沉淀溶解,溶液呈浅绿色

$Fe+CuSO_4 = FeSO_4+Cu$ 现象:铁溶解生成红色金属

$Fe+2AgNO_3 = Fe(NO_3)_2+2Ag$ 现象:铁溶解生成银白色的金属

$Fe_2O_3+6HCl = 2FeCl_3+3H_2O$ 现象:红色固体溶解,生成黄色的溶液

$3Fe+2O_2 \xrightarrow{\text{点燃}} Fe_3O_4$ 现象:铁剧烈燃烧,火星四射,生成黑色的固体

$Zn+FeCl_2 = ZnCl_2+Fe$ 现象:锌粉慢慢溶解,生成铁

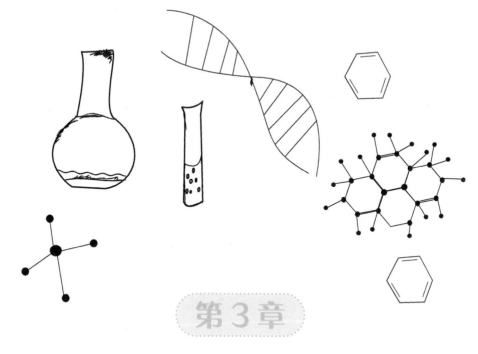

第 3 章

神奇的自然现象

　　大约 45 亿年前，地球形成了，那时候地球上并没有生命，那么生命是怎么形成的呢？各种生命又是如何运行的呢？物质为何燃烧？ …… 大自然中有各种神奇的化学现象，这里我们来介绍一二。

3.1　生命是怎样开始的

在广阔的自然界里,生存着多种多样、千奇百怪的生物。除了那些只留下化石、已经灭绝的古生物之外,世界上已知现存的动物有 100 多万种,还有 50 多万种植物和微生物。这些生物是怎样产生的呢? 生命的本质究竟是什么?

这得从有机物和无机物谈起。

以前,人们把世界上的化合物分成两类:一类受热后保持原样,它们广泛存在于空气、海洋、土壤等没有生机的非生物界,这类物质叫作无机物;另一类物质受热以后发生根本性改变,通常只能从生物体和它们的产物里得到,这类物质叫作有机物。

瑞典化学家贝采里乌斯认定:生命的化学完全是另一门学科,它遵循着自己的一套神秘的规律;有机物和无机物之间存在着不可逾越的鸿沟,有机物只能由活组织制造出来。

可是,时隔不久,正是贝采里乌斯的学生、德国化学家维勒第一次用无机物氰酸铵作原料,仅仅通过加热的办法就制得了一种实实在在的有机物——尿素。17年以后,另一位德国化学家科尔贝又用最简单的元素人工合成了有机物——醋酸。这样一来,有机物和无机物之间的绝对界限被打破了。

有机物都是含碳化合物,结构比较复杂,其中包括醇类、醛类、酮类、醚类等。19 世纪中叶,人们发现,在几百万种有机物里面,有两种物质是生命的基础:一种叫核酸,最早是在细胞核里被发现的;另一种是蛋白质,从加热后能凝固的蛋白体物质里得来。

蛋白质的大名我们早就听说过,它是构成生物体的主要物质之一,是生命活动的基础。核酸是生命本身最重要的物质,没有它,活的机体就不能繁殖,当然也就不会出现生命。这就告诉我们:生命是物质的,是物质发展到一定阶段的产物。

那么,生命又是怎样开始的呢?

20 世纪 20 年代,苏联生物化学家奥巴林和英国生物学家霍尔登提出了生命的化学进化论。他们认为,在生命本身进化以前,还存在着一个化学进化阶段,生命的出现是一系列化学反应的结果:第一步,原始大气和海洋里的无机物生成了低分子有机化合物；第二步，低分子有机化合物生成了高分子有机化合物；第三步，高分子有机化合物生成了能够自我复制和繁殖的原始生命体。

化学进化论为我们描绘了一幅初期地球的图景：

原始太阳系星云慢慢地凝聚成了我们初期的地球。初期的地球冷却以后，火山喷发出大量的气体——氢、水蒸气、氮、氨、甲烷、二氧化碳、一氧化碳等，组成了原始的大气。

前苏联生物化学家奥巴林

在初期的地球上，自然界进行着剧烈的活动。天空中的闪电，喷出地面的热熔岩和热泉水，太阳发出的紫外线，来自宇宙空间的辐射，它们结合起来向原始大气进攻，把原始大气里的成分改造成为甲醛、氰化氢和其他一些与生命有关的物质。

这些物质溶解在雨水里，落进原始海洋，通过化学反应又进一步生成氨基酸、糖类和嘧啶、嘌呤等。要知道，生命的基础——蛋白质和核酸，恰恰是由这些有机化合物组成的。

大大小小的有机物聚集在原始海洋里，海流把它们带到安全地带，既避开了强烈紫外线的照射，又远离放射性活跃的海底，结果它们越聚越多。

许多亿年过去了，海洋里的简单低分子有机物质通过化学反应，变成了蛋白质、核酸等复杂的高分子有机物。

最后，地球上终于出现了类似细胞的、具有完整新陈代谢作用的原始生命体。

知识加油站

判别化合反应和氧化反应

判别某化学反应是不是化合反应，要看两种或两种以上的反应物作用，生成的物质是不是只有一种。判别某化学反应是不是氧化反应，要看参加化学变化的物质有没有跟氧发生反应。

化合反应与氧化反应的分类依据不同,两者没有必然的联系。物质跟氧气发生的氧化反应,有的是化合反应,如磷在氧气中燃烧,生成的物质只有一种;有的不是化合反应,如蜡烛在氧气中燃烧,生成的物质不止一种。在化合反应中,有的是氧化反应,如铁丝在氧气中燃烧生成四氧化三铁;有的不是氧化反应,如生石灰和水化合生成熟石灰;只有那些跟氧反应而且生成的物质只有一种的,才既是化合反应,又是氧化反应。

3.2 "自己靠自己"的生活方式

大家都知道，无论哪一种生物都必须不断地吃东西，才能生活下去。食肉动物必须吃肉，食草动物一定要吃草。肉和草都是现成的有机物。依靠现成有机物，取得能量等，以维持生命活动的生物叫作异养生物，细菌中的大肠菌、肺炎双球菌也都属这一类，这是一个营养类群。另一个营养类群的生物，合成能力比前一类强大得多，自己就有把二氧化碳合成为有机质的能力，生活上可以"自己靠自己"，就叫作自养生物。

大家也知道，合成作用是要有能量供应的。有些生物具有叶绿素，能通过光合作用得到能量，有些生物则是通过无机化合物的氧化，取得能量的。于是自养生物又可再分为两小类：前一类直接从光取得能量以进行合成作用的生物，叫作光能自养生物，如高等植物、蓝绿菌等；后一类通过化学反应（无机化合物氧化）取得能量进行合成作用的生物，叫作化能自养生物，种类比较少，只限于一些细菌，所以也可以简单地把它们叫作化能自养菌，把这些微生物进行的营养方式称为化能合成作用。

化能自养菌，根据它们要求的特定能量的来源不同，可以细分为硝化细菌、硫细菌、铁细菌、氢细菌等。硝化细菌是氧化无机氮化合物取得能量以把二氧化碳合成为有机物的细菌，包括亚硝化菌和消化菌两小类，前者是把氨氧化成亚硝酸，后者则是把亚硝酸继续氧化成硝酸。氧化无机硫化合物的细菌，可以统称为硫细菌，对能源要求的严格性比硝化细菌稍差，可利用的能源种类也较多，有元素硫、硫化物、硫代硫酸盐等，包括的菌种也比较多，有的可以运动，有的不动；有的喜酸，有的喜碱；有的嗜中温，有的嗜高温；最著名的一属是硫杆菌属，形态上和硝化细菌相似。硫化氢本来对农作物是有害的，但经过这一类细菌的作用，把其氧化成硫酸盐，作物就可以利用了。铁细菌，简单地说，就是能通过把 Fe^{2+} 化合物氧化成 Fe^{3+} 化合物，以得到能量的一类细菌。氢细菌是能够利用分子态氢和氧之间的反应所产生的能，并以碳酸作唯一碳源而生长的细菌。

$$2NH_3+3O_2 \xrightarrow{\text{亚硝化细菌}} 2HNO_2+2H_2O+ \text{能量}$$

$$2HNO_2+O_2 \xrightarrow{\text{硝化细菌}} 2HNO_3+ \text{能量}$$

$$6CO_2+6O_2 \dashrightarrow C_6H_{12}O_6+6H_2O$$

硝化细菌利用无机物氧化所放出的能量来合成有机物

这些微生物的活动,对维持地球上物质循环的平衡及净化环境具有重要作用。

自然界中各种物质的转化,碳、氮、磷、硫等各种元素的循环,都是由异养和自养两大营养类型的细菌来共同完成的,缺少哪一类也是不行的。土壤中没有硝化细菌,有机氮的分解只能停留在氨的阶段,植物不能很好地利用;没有硫化细菌,有机物中的硫,只能呈硫化氢累积下来,不只作物得不到必需元素的供应,反而要受到它的毒害。硝化细菌、硫化细菌等化能自养菌生命活动的结果,往往产生大量的酸,如硝酸、硫酸等可以提高多数磷肥在土壤中的速效性和持久性,可以医治马铃薯疮疖病一类的植物病害,也可以使碱土得到程度不等的改良。

近年来,国际上出现了能源危机,各国竞相采用各种办法加以解决。我国石油蕴藏量相对来说不算丰富,但油母页岩蕴藏量较丰富。不过,油母页岩中所含的石油用蒸馏法提出,能量消耗太大,目前国外正在研究利用硫杆菌产生硫酸,把油母页岩中的白云石分解,把石油释放出来。如果这种技术能够实现,我国石油产量至少可以增加一倍。

知识加油站

人类六大基本营养素:蛋白质、糖类、油脂、维生素、无机盐和水。

蛋白质构成:由多种氨基酸(如甘氨酸、丙氨酸等)构成的极为复杂的化合物,分子量从几万到几百万。

蛋白质作用:蛋白质是构成细胞的基本物质,是机体生长及修补受损组织的主要原料。

含蛋白质丰富的食物有:豆类、蛋类、奶类、鱼类和肉类。

3.3 "点石成金"的妙法

把豆类植物连根拔起,除了看到像胡子一样的根须之外,根须上还长有许许多多的小圆疙瘩。这些球状体结构是由一种微生物侵入植物根部后形成的"肿瘤"。植物身上的这种"肿瘤"不但不会使植物生病,反而成了专门供给植物营养的"器官"。一旦把"肿瘤"切除,植物就会营养不良。

人们已经发现数千种植物都有这种"肿瘤",有的生长在根上,叫作根瘤;有的生长在叶子上,叫作叶瘤。

在显微镜下人们可以看到,根瘤中住着一种叫根瘤菌的细菌。它们在侵入植物根部后分泌一些物质能刺激根须的薄壁细胞,细胞很快增殖就形成了"肿瘤"。

在瘤中,根瘤菌依赖植物提供的营养生活,同时它们也把空气中的游离氮气固定下来供给植物利用。小小的根瘤就像微型化肥厂,源源不断地把氮气变成氨送给植物吸收。

我们知道,大气中的氮一向被人们认为是不易改造的"顽固分子",只有把它放在 500～550℃和 200～300 个大气压力的合成塔中,通过催化剂作用才能使它和氢分子化合成氨(即合成氨),氨再被加工制成各种氮肥。固氮微生物却有"点石成金"的妙法,能在活细胞中轻而易举地改造氮气。

我国人民很早就知道利用微生物的固氮作用来提高土壤肥效。远在几千年以前,人们就已经把瓜类和豆类轮作种植以提高产量,而西方人采用轮作种植技术则是在 18 世纪 30 年代以后。

把固氮的微生物进行人工培养,获得大量的活菌体,然后用它们拌种或施播,这就是近些年来迅速发展的细菌肥料。因为活的菌体能在土壤中继续生长繁殖,因此,细菌肥料不仅能提高农作物的产量,还有一年施加多年有效的好处。

菌肥的生产很简单,而且成本小、易普及、收效快。例如,在苜蓿根土中找到的一种细黄链霉菌,把它接种于饼土混合物中堆制 5～7 天,即可制成菌肥。50 千克这种菌肥相当于 8.5 千克硫酸铵的肥效。在棉花、小麦种植时使用这种菌肥,能使产量提高 20% 以上。

在我国东北地区找到的一种自生固氮菌，制成菌肥以后用在谷子、高粱、玉米等一些农作物上，都有不同程度的增产效果。

知识加油站

有机肥料和无机肥料

人粪尿、猪牛栏粪、堆肥、绿肥及塘泥、植物动物残余废物等，因其中含有大量的有机物质，称为有机肥料，也就是平常所讲的农家肥料。有机肥料的共同特点是：均为完全肥料，除了含氮、磷、钾主要元素外，还含有铁、钙、镁、硫、硼等多种元素。有机肥料分解缓慢，肥效较长，不易流失。由于富含有机质，具有改良土壤性状、提高土壤肥力的作用。

一般使用的化学肥料，如硫酸铵、碳酸氢铵、氨水、硫酸钾、过磷酸钙等，其中不含有机物质，称为无机肥料，有人又叫它们商品肥料。无机肥料的特点是：养分含量高，养分种类单纯，一般一种肥料只含植物所需要的一种主要元素，为不完全肥料。大多数化学肥料易溶于水，能很快被植物吸收，为速效性肥料。

3.4　不同火焰颜色的秘密

炒菜时,如果无意中将食盐溅到火焰上,顿时,火焰上便会发出明亮的黄色光。食盐是由氯元素和钠元素组成的。如果把氯气和金属钠分别放在无色灯焰上灼烧,只有钠才能把火焰变成黄色。

每种金属的盐类,在高温下都能发出自己特有的彩色光:钠是黄色,钾是紫色,钡是绿色,铜是蓝色,锶是红色……这种奇异的发光现象,在化学上叫作"焰色反应"。

如此说来,利用焰色反应,岂不就可以判断出物质中所含的元素成分了吗? 可能你会这么想。

可是实际上却行不通。因为锶蒸气能将灯焰染成红色,锂蒸气也能将灯焰染成红色,单凭肉眼观察,谁也无法看出它们到底有什么不同。

1860 年 5 月,从德国海德堡传出了一个举世震惊的消息:化学教授本生在他的朋友物理学家基尔霍夫的帮助下,有办法区分锶和锂的焰色差异,而且他还发现了名叫"天蓝"和"暗红"的两种新元素。

这是怎么一回事呢?

原来,帮助本生揭开焰色反应奥秘的是一块透明的三棱镜,即"分光镜"。本生使用分光镜,对焰色反应进行了大量的研究,终于获得了成功。

一束白光通过分光镜后,会形成一条连续的彩色光带,就像雨后的彩虹一样。这光带按红、橙、黄、绿、蓝、靛、紫的顺序排列,叫作"连续光谱"。而本生用分光镜对着各种金属蒸气发出的光时,发现它们形成的是一系列不连续的、孤立的颜色线条,这叫作"线状光谱"。不同的元素,发出的线状光谱中线条的数目、线条的颜色及线条的排列情况都不相同,各种元素都具有自己的特征谱线。比如前面谈到的锂和锶,尽管它们都会发红光,但它们的谱线却是不同的。本生就是这样创造了奇迹,他发明了区别元素的新方法。

本生把当时已经发现的元素的谱线都做了记录,然后就到各处,天上、地下、河里、海中……去寻找新的元素——倘若发现了新的谱线,就意味着发现了新的元素。有一次,本生在观察杜尔汉矿泉时,发现了两条从未发现过的天蓝色谱线,本生为这个新元素取名"天蓝"。不久,本生又在另一次光谱分析实验中发现了几条陌生的暗红色谱线,他将这个新元素命名为"暗红"。

元素"天蓝"的中文名称叫"铯","暗红"叫"铷"。它们都是非常活泼的金属,在空气中会自动燃烧起来发生玫瑰般的紫色光。在水面上,它们也会自动着火,放出氢气发出爆响,来回乱窜,甚至把它们放在冰块上它们也能燃烧。所以在自然界中没有单质形态的铷、铯存在。人工取得的铷、铯,平时只能保存在煤油中,让它们"与世隔绝"。

铷和铯都是又轻又软的金属,用小刀可以毫不费力地切开它们。铯在28℃时熔化,常温下呈半液体状。铷的熔点是38℃,常温下呈糊状。在金属家族中,它们可真是奇特的"软骨头"。

铯和铷对光线特别灵敏,即使在极其微弱的光线照射下,它们也会放出电子来。把铯和铷喷镀到银片上,即可制成"光电管"。

一受光照,它便会产生电流,光线越强,电流越大。在自动控制中,光电管就像是机器的"眼睛",所以有人把铷和铯叫作"长眼睛的金属"。

电视机的光电转换,靠的就是光电管。铯光电管现已广泛用于自动报警装置,可以替人看管仓库,还会为人报火警。铯光电管用在天文仪器上可将星光转变为电流,然后人们就可以根据电流的大小,换算出遥远的恒星、银河、星云的距离。铷和铯在揭开天体奥秘的过程中,还将不断地充当重要的角色。

本生利用分光镜发现了新元素的消息传开以后,许多化学家群起而效之。结果,也真的发现了铊、铟等新元素。

知识加油站

燃烧

燃烧的定义：通常所说的燃烧是指可燃物与氧气发生的一种发光、放热的剧烈的氧化反应。

燃烧需要三个条件：可燃物，氧气，达到燃烧所需的最低温度(也叫着火点)。

注意：可燃物燃烧时一定有发光、放热等现象，但是有发光、放热现象的变化不一定是燃烧。

燃烧大多会有火焰，但是并不是所有物质燃烧都会产生火焰。

3.5 揭开燃烧的秘密

在拉瓦锡的燃烧学说问世以前,学者们错误地把火当成了元素,起名叫"燃素",并把物质燃烧时发出火光,说成是放出了"燃素"。如果真这样的话,物质燃烧后,由于放出了"燃素",剩下的灰渣就应该比燃烧前更轻。可是事实相反,许多物质(如金属)燃烧后的重量反而有所增加。这个难题怎样解决呢?当时许多有名的科学家都提不出合理的答案。

拉瓦锡决心从实验入手,来解决这个问题。从1772年开始,他花费了五年的工夫来研究燃烧实验,终于取得了成功。拉瓦锡的聪明就在于,他不仅注意到物质燃烧后增加了重量,还注意到燃烧容器里的空气减少了重量。用天平称量的结果是,物质增加的重量恰好就是空气中氧气减少的重量。

1777年,拉瓦锡高兴地总结了自己五年来的研究成果,向巴黎科学院正式提出了他的燃烧学说,从而向人们揭开了燃烧之谜。他指出:物质在空气中燃烧是由于物质跟空气中的氧发生了化学反应;在燃烧后物质增加的重量,恰好等于空气中的氧气减少的重量;物质在燃烧时发光放热,并不是分解出了什么"燃素",只不过是这一剧烈化学反应所产生的现象。

现在,就让我们做一个燃磷实验,来验证一下拉瓦锡的学说吧。

在一个大口玻璃瓶里,先放上一小块白磷,再把瓶口塞紧。然后,在火上把玻璃瓶稍稍烘烤一下,这时你就会看到,瓶内白磷剧烈燃烧起来,发出十分耀眼的火光,同时还有大量烟雾生成。烟雾凝结在瓶壁上像是一层白霜,它就是磷与氧化合生成的五氧化二磷。

当玻璃瓶冷却后,把它倒放进水中,在水面下把塞子拔开。这时你又会看到,水自动进入瓶中,直到占据瓶内约1/5体积为止。如果把一根燃着的木条,伸进瓶内剩余的气体中,火会立刻熄灭,这就证明,约占空气体积1/5的氧气,全部与磷化合生成了五氧化二磷(其余4/5是氮气等,没有燃烧,还留在瓶内)。这五氧化二磷的重量,就是燃烧的磷加瓶内空气中氧的重量之和。

毫无疑问,物质在空气中燃烧,确实是跟氧气发生了化学反应。但是,如果瓶里放的不是白磷,而是火柴盒上那种红磷(红磷为暗红色)的话,稍稍烘烤一下,并不会燃烧起来。这又是为什么呢?

原来,物质在空气中燃烧,不仅需要有氧气,还需要有一定的温度,这个温度就叫着火点或燃点。不同物质有不同的燃点,磷有白磷与红磷之分。磷家"两兄弟"脾气有些不同,白磷性急易燃,40℃ 就能在空气中起火;红磷性子却不那么急,要加热到240℃ 才能燃烧。所以红磷稍稍烘烤一下是燃不起来的,只有继续加热达到它的燃点,燃烧反应才会发生。

各种物质的燃点不同,木材的燃点比红磷稍高,在250℃ 以上,无烟煤的燃点更高,一般在700~750℃之间。由于平常在空气中堆放的木材或无烟煤,一般达不到这个温度,所以虽和空气充分接触,也不会自动燃烧起来。

由此可见,平常我们看到的燃烧现象,就是在一定温度下,物质与氧所发生的、具有发光放热现象的剧烈氧化反应。

知识加油站

燃烧、缓慢氧化、自燃和爆炸的关系

(1)燃烧和缓慢氧化的相同点是:①都是氧化反应;②都放出热量。不同点是:①燃烧剧烈,缓慢氧化不剧烈;②燃烧发光,缓慢氧化不发光。

(2)自燃:由缓慢氧化而引起的自发燃烧叫自燃。四者的关系如下:

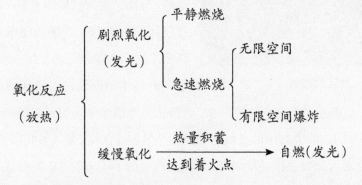

注:这里的爆炸指的是化学爆炸。

3.6 巧妙去除杂质

众所周知,水是一切生物赖以生存的基本条件之一,也是人类生存和发展的重要条件。我们每天都要喝水,所以饮用水水质是否良好,直接影响人们的健康。生活饮用水,首先要求对人体健康无害而有益,要不含病菌、病毒,不含有毒、有害物质,并且要含有人体所需要的成分。当然在感官上也要求无色、澄清和无臭味。我国人民习惯饮用煮沸过的水,是一个良好的卫生习惯。当然,煮沸过的水也不是完全干净的,里面还是含有一些杂质。要得到纯净的水该怎么办呢?那就要用到物质分离妙法——蒸馏。

蒸馏是化学中常用的得到纯净物的方法。它根据各种物质沸点的不同,利用再冷凝来收集不同温度时蒸发的蒸气,就可得到被分离的纯净物。对水而言,1.325 千帕压力时纯水的沸点为 100℃,因此将水加热到沸腾,然后收集 100℃蒸汽所冷凝下来的水即为蒸馏水,这样原先含于水中的化学杂质仍留于蒸馏残液中。

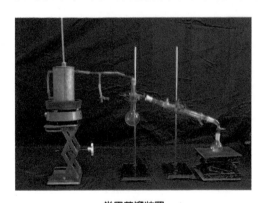

常用蒸馏装置

用蒸馏的方法虽可将水中不挥发物质如钠、钙、镁及铁的盐除去,但溶解在水中的氨、二氧化碳或者其他气体和挥发性物质则随着水蒸气一起进入冷凝器,旋而又溶入收集的水中。除去这类气体的一个有效方法是使水蒸气一部分冷凝,一部分任其逸去,原溶解于水内的气体和挥发性物质即随逸出的部分被除去。欲得到纯度更高的蒸馏水,可将普通蒸馏水中先加入高锰酸钾的碱性溶液,进行蒸馏以除去其中的有机物和挥发性的酸性气体(如二氧化碳)。然后于所得的蒸馏水内加入非挥发性的酸(如硫酸或磷酸)再行蒸馏又除去氨等挥发性碱。这样制得的蒸馏水又称为重蒸馏水。

蒸馏在石油炼制、石油化工、基本有机化工、精细化工、高聚物工业、医药工业、日用化工及轻工业等部门得到了广泛的应用。如，用蒸馏的方法可以把原油按沸点的高低分离为汽油、煤油、柴油、重油等产品；空气中氧气与氮气的分离，先将空气降温、加压，使之液化再进行精馏，获得较高纯度的氧和氮。因此，蒸馏是化工及其他工业部门最主要的一种物质分离的单元操作。

知识加油站

溶液

　　一种或一种以上的物质分散到另一种物质里，形成均一的、稳定的混合物，叫作溶液。

　　能溶解其他物质的物质叫溶剂，被溶解的物质叫溶质。例如食盐水溶液，水是溶剂，食盐是溶质。

　　水能溶解许多物质，是最常用的溶剂。汽油、酒精等也可以作溶剂，如汽油能溶解油脂，酒精能溶解碘。

　　溶质可以是固体，也可以是液体或气体。固体、气体溶于液体时，固体、气体是溶质，液体是溶剂。两种液体互相溶解时，通常把量多的一种叫溶剂，量少的一种叫溶质。

　　在一定的温度下，一定量的溶剂里只能溶解一定量的溶质，不能无限制地溶解。我们把在一定温度下，在一定量的溶剂里，不能再溶解某种溶质的溶液叫作这种溶质的饱和溶液。还能继续溶解某种溶质的溶液，叫作这种溶质的不饱和溶液。

3.7 不溶于水的沉淀

不少人喜欢将豆腐和菠菜一同放入火锅中煮食。曾经有一种说法认为：这种吃法不仅影响人体对营养素的吸收和利用，久食之，还有引发结石病的危险。那么豆腐和菠菜适不适合同煮呢？

豆腐和菠菜同煮

制作豆腐的原料——大豆含有较高的钙质，而且在豆腐制作过程中还要加入石膏或盐卤，石膏中有较多的硫酸钙，盐卤中含有较多的氧化镁，而菠菜中含有较多的草酸。当豆腐和菠菜同煮时，豆腐中的钙、镁离子便会和草酸发生化学反应，生成不溶于水的沉淀——草酸钙或草酸镁。有人认为草酸钙、草酸镁人体难以吸收和利用，因而可能引发结石病。而医学界认为由于草酸与钙在人的肠道中已经结合，形成沉淀，并排出体外，阻止了人体对草酸的吸收，更有利于预防结石。因此菠菜与豆腐是最佳组合。

那么，什么是沉淀呢？

沉淀是发生化学反应时生成了不溶于反应物所在溶液的物质。固体进入水中，固体表面的分子或离子在周围水分子的作用下离开固体表面而进入水溶液的过程叫作溶解。如果只把溶解看成是一个简单的物理过程，溶解度可用单位体积溶剂中可溶解的物质的质量来表示。以水做溶剂时，则习惯上用 100 克水中最多可溶解的溶质的克数来表示该物质的溶解度。通常把常温下溶解度小于 0.01 克 /100 克水的物质称为"难溶物"，例如，硫酸钡、硫化汞等都属于难溶物质。

在实际工作中，所遇到的沉淀类型可粗略地分为两类。一类是晶形沉淀如 $BaSO_4$ 等；另一类是无定形沉淀如 $Fe_2O_3 \cdot xH_2O$。它们之间的主要差别是颗粒大小不同。晶形沉淀的颗粒直径约为 0.1～1 微米，无定形沉淀颗粒直径一般小于 0.02

微米,而凝乳状沉淀介于两者之间。生成的沉淀属于何种类型,首先取决于沉淀物质本身的性质,其次与沉淀生成时的条件有密切关系。因此,必须了解沉淀的形成过程和沉淀条件对沉淀颗粒大小的影响,以便控制适宜的条件,获得符合要求的分析结果。

沉淀又是怎么形成的呢?

沉淀的形成过程是一个复杂的过程,这里只作简单介绍。在一定条件下,将沉淀剂加入试液中,当形成沉淀的有关离子浓度的乘积超过其溶度积时,离子通过相互碰撞聚集成微小的晶核。晶核形成后,溶液中的构晶离子向晶核表面扩散,并沉积在晶核上,晶核便逐渐长大成沉淀微粒。

由离子聚集成晶核,再进一步聚集成沉淀微粒的快慢称为聚集速度。在聚集的同时,构晶离子又能按一定的顺序排列于晶格内,这种定向排列的快慢称为定向速度。如果聚集速度大,而定向速度小,即离子很快地聚拢来生成沉淀微粒,但是却来不及进行晶格排列,这时得到的是无定形沉淀。反之,如果定向速度大,而聚集速度小,即离子缓慢地聚集成沉淀,而且有足够的时间进行晶格排列,此时得到的是晶形沉淀。

知识加油站

溶解性

溶质溶解在溶剂里的能力各不相同,通常把一种物质溶解在另一种物质里的能力叫作溶解性。常见的酸、碱、盐在水里的溶解性规律如下。

(1)钾盐、钠盐、铵盐和硝酸盐都溶于水。

(2)硫酸盐除 $BaSO_4$、$PbSO_4$ 不溶,盐酸盐除 $AgCl$ 和 Hg_2Cl_2(氯化亚汞)不溶外,其余都溶于水。

(3)碳酸盐和氢硫酸盐大部分不溶于水(除 BaS、MgS 溶,CaS 微溶外)。

(4)碱除 $NH_3 \cdot H_2O$、KOH、$NaOH$、$Ba(OH)_2$ 溶,$Ca(OH)_2$ 微溶外,其余一般都不溶。

(5)酸除 H_2SiO_3 微溶外,其余都溶于水。

3.8　爆炸因何会发生

火灾是指在时间上或空间上失去控制的灾害性燃烧现象，它是会给人们的生命、财产造成破坏的一种灾害。如果发生火灾时建筑物中有液化气罐，很容易发生爆炸。爆炸时，忽然一声巨响，炸坏的罐体带着高温爆炸气体、火光和浓烟腾空而起。那么，生产生活中的火灾爆炸的主要原因是什么呢？

我们知道，燃烧是一种放热发光的氧化反应。最初，氧化反应被认为仅是氧气与物质的化合，但现在则被理解为：凡是可使被氧化物质失去电子的反应，都属于氧化反应，例如氯和氢的化合。氯从氢中取得一个电子，因此，氯在这种情况下即为氧化剂。这就是说，氢被氯所氧化，并放出热量和呈现出火焰，此时虽然没有氧气参与反应，但发生了燃烧。又如铁能在硫中燃烧，铜能在氯中燃烧等。然而，物质和空气中的氧所起的反应毕竟是最普遍的，也是燃烧和爆炸最主要的原因。

液化气罐爆炸

可燃性气体与氧混合后，之所以会引起爆炸，是因为可燃物与氧气在大范围内混合均匀，一经点火局部发生的氧化反应热能迅速传播到整个体系而导致爆炸。氧化反应得以维持的前提是能量源源不断地补充（如前所说燃烧中产生能量又去引发别的物质燃烧），另外，反应中的两种物质浓度必须满足它们在反应中的化学计量比例。若某一种物质的量少于一定的浓度，该反应也就难以连续而迅速地传播。因此，可燃性气体的爆炸能否实现，取决于体系中的可燃物与氧的浓度是否达到一定的比例。可燃物太少不会引起爆炸，氧气太少也不会引起爆炸。这就出现了两个浓度限制。这两个浓度限制就是我们所谓的爆炸极限。如氢气是可燃气体，它与空气混合可以形成爆炸性体系，一经点火即爆，但是它有爆炸极限，低限为氢的浓度为 4.0%，高限约为 75.6%。也就是说，氢气在空气中的浓度超过 4% 或者低于 75.6% 均会引起爆炸，而在这两个浓度之外，虽经点火也不会爆炸。同样，汽油蒸气也是可燃性气体，它的爆炸极限为 1.4%～7.6%，苯的爆炸极限约为 1%～7%。

爆炸极限的概念对我们处理危险性可燃物十分重要，若发现有可燃性气体溢出并与空气混合时，必须注意不能动用明火，包括开启电源开关等，同时须立即通风排气以降低可燃物的浓度，使其低于爆炸极限。例如在家庭中发现有煤气泄漏时就应该谨慎处理，切记不可动用明火。如果一间厨房的空间是 12 立方米，只要从钢瓶中漏出 0.2 立方米的液化气，厨房里的空气就形成爆炸性气体；液化气的着火温度比汽油还要低得多，因此液化气只要遇到香烟头、灼热物体、金属摩擦撞击产生的火星或静电火花时，就会立即发生爆炸燃烧；而且液化气比空气重，泄漏时会沉积在低洼处，不易飘散消失。因此，使用燃气一定要注意安全，防止泄漏。

知识加油站

自燃

煤层、潮湿的柴草，或渗有易氧化的油的布堆积起来，会自发地燃烧。可燃物在空气中没有外来火源的作用，靠自热或外热而发生燃烧的现象叫作"自燃"。物质自燃分为自热自燃和受热自燃两种。煤是因为常常含有硫化物的矿粒，这些矿粒和水分与氧气接触时能发生氧化作用，但反应速度不快。在潮湿的柴草中有大量的微生物活动，也能和空气中的氧气发生缓慢的氧化作用。同样，渗有油的布在空气中也进行着氧化作用。同时这些物质堆积在一起不易传热，由氧化作用所放出的热量不散失，于是温度逐渐升高，氧化速度加快，更进一步产生出易燃的气体，当温度升高到着火点时，就会发生自燃。

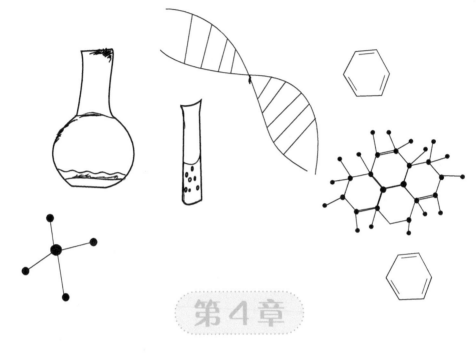

第4章

有趣的生活化学

化学有复杂的反应式、有难记的现象，然而，看似枯燥的背后，实际化学有很多有趣的例子；而看似很遥远的化学，实际跟生活有很大关系。人类从原始社会跨入今天这样物质文明比较发达的社会的历史，就是一部化学及其他科学技术的发展史。化学科学的发展，为人类创造了千千万万的物质财富，并使我们能够享用这些物质文明的成果而舒适地生活。

4.1 面包和馒头里的空洞

你参观过面包工厂吗? 你家里做过面包吗? 只有一点点大的生面团,放到烘烤炉或烤箱里烘烤后取出,你会发现体积增大了好几倍,面包又松又软。

掰开一块面包,可以看到里面布满了蜂窝似的小洞洞。馒头里面同样也布满了小洞洞。

油条呢,在油炸之前像一支钢笔粗,在油锅里急剧膨胀,变得比晾衣杆还粗呢!

这是谁变的魔术呢? "魔术师"是酵母菌,或者化学药品。

酿酒时酵母菌吃下淀粉变成的糖,吐出酒精和二氧化碳。做馒头的情形也是这样。和面时揉进去的那块"老面"里,住着众多的酵母菌,它们在湿面粉里,只要温度适宜,就迅速繁殖,它们吐出的酒精使馒头有股醇香味,放出的二氧化碳气在湿面团里占据了空间,撑出一个个小洞洞。

蒸馒头的时候,小气泡受热进一步膨胀,在面粉里鼓出一个个大气孔。面粉里的蛋白质——面筋受热凝固,成为气孔的"墙壁",将二氧化碳团团围住。最后,墙壁破裂,二氧化碳跑出来了,却在馒头里留下了无数的小孔。

做蛋糕和面包等食品时,还常用一种发酵粉。这种发酵粉和酵母菌毫不相干,实际上是化学疏松剂。它包含的两种化学药粉——碳酸氢钠和磷酸二氢钠,放到湿面里,就发生化学变化,冒出二氧化碳气来,使食品里产生许多小洞洞。

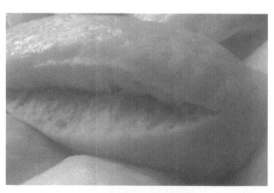

馒头里面布满了小洞洞

知识加油站

检验二氧化碳气体的方法

要检验化学反应产生的气体是不是二氧化碳,可以把气体经导管导入澄清的石灰水里,如果石灰水变浑浊,即证明该气体是二氧化碳(如区别 CO_2 和 CO)。如果产生的气体无法用导管导入澄清石灰水里,也可以利用二氧化碳既不燃烧也不助燃的性质,将点燃的火柴伸入被检验气体中,火柴熄灭,可辅助证明该气体是二氧化碳(如区别 CO_2 和 O_2)。此法也用于检验排空气法收集的二氧化碳气体。检验时,应把点燃的火柴放在集气瓶口,火柴熄灭,证明集气瓶里已充满二氧化碳。

4.2　带酸味的水果可以解酒

我国已有 4000 多年的酿酒历史。酿酒常用的方法是发酵法,就是用含糖类很丰富的各种农产品,如高粱、玉米、薯类以及各种野生果实为原料,经过发酵、分馏,就可制成酒精(乙醇)。

酒主要是乙醇和水组成的,但这种混合物香气不浓,味道不佳,并且是无色的。一般酒类的气味、味道和颜色,都是由于酒中还含有其他化合物,例如香料和色素。不同配料的酒,会产生不同的色、香、味。

酒精进入人体后,被肝吸收,在肝脏中首先氧化成乙醛,乙醛再被氧化成乙酸,继而氧化成二氧化碳和水。这个化学反应中"酶"起了决定性的催化作用,人体内每时每刻都在发生各种复杂的化学反应,这些化学反应都是在特殊的蛋白酶的催化作用下进行的。人体内含有能使乙醇氧化为乙醛、乙醛氧化为乙酸的蛋白酶,酶的量因人而异。有的人体内含这种酶比较多,有的人体内含这种酶比较少,前者能顺利完成上述化学变化,能饮较多的酒,后者则不能顺利完成上述化学变化,只能饮少量的酒。

饮酒过多时,过多的乙醇会使酶的催化作用减弱甚至失去催化作用,过多的乙醇和乙醛会刺激神经系统使人产生一系列反应,其实就是酒精中毒。

酒精是一种麻醉剂,它对人体各组织的麻醉作用,先是兴奋,后是抑制。当大脑皮层受到酒精的麻醉而处于抑制状态时,患者将会出现语无伦次、头晕眼花、步态不稳、恶心呕吐等中毒症状。另外,在正常情况下,人体血液中的二氧化碳和氧气的分压有一个定值,由于进入人体血液中的酒精,可被氧化成二氧化碳和水,这样,二氧化碳的分压升高,氧气的分压降低。结果使血红蛋白对氧气的结合力下降,而氧气只有和血红蛋白结合后才能被血液送到机体各组织中去,所以醉酒严重者会因呼吸衰竭而死亡。

醉酒就需要解酒。不少人知道,吃一些带酸味的水果或饮服 1～2 两干净的食醋可以解酒。这是什么道理呢?

这是因为,水果里含有有机酸,例如,苹果里含有苹果酸、柑橘里含有柠檬酸、葡萄里含有酒石酸等,而酒的主要成分是乙醇,有机酸能与乙醇相互作用形成酯类物质从而达到解酒的目的。同样道理,食醋也能解酒是因为食醋中含有 3%~5% 的乙酸,乙酸能跟乙醇发生酯化反应生成乙酸乙酯。

尽管带酸味的水果和食醋都能使过量乙醇的麻醉作用得以缓解,但由于上述酯化反应在体内进行时受到多种因素的干扰,效果并不十分理想。因此,防醉酒的最佳方法就是不要贪杯。

知识加油站

乙醇(C_2H_5OH)简介

	性质		用途	来源
物理性质	色态	无色透明的液体,易挥发	饮料、香精;有机溶剂,消毒剂(体积分数 70%~75%);酒精灯和内燃机中的燃料	把高粱、玉米等绿色植物的籽粒经过发酵,再进行蒸馏,就可得到乙醇
	气味	具有特殊气味		
	溶解性	能与水以任意比例互溶,并能够溶解多种有机化合物		
化学性质	可燃性	$C_2H_5OH+3O_2 \xrightarrow{点燃} 2CO_2\uparrow +3H_2O$ 放出大量热		

4.3　清凉解渴的汽水

酷暑季节，喝上一瓶汽水，确实清凉解渴，使人精神振奋。可你知道汽水是怎样制成的吗？

制作汽水的原料很普通而且易得，主要有白糖、小苏打、柠檬酸（或酒石酸）等。在 1000 毫升水中加入 25 克白糖，然后放入 2 克小苏打，把配好的溶液灌进一个能够盖紧的玻璃瓶中，再放 2 克柠檬酸（或酒石酸）的晶体到瓶中，立即将瓶塞紧。这时，瓶子里的液体就会发生一系列的化学反应：柠檬酸和小苏打作用生成柠檬酸钠（酒石酸和小苏打作用生成酒石酸钠），放出二氧化碳。生成的二氧化碳有一部分溶于水，生成碳酸。反应结束后，一瓶汽水就制成了。

汽水的酸味就是由碳酸和没反应的柠檬酸（酒石酸）引起的。

当打开汽水瓶盖时，有大量泡沫向外逸散，这种现象应该怎样解释呢？这要从气体的溶解特点说起。在一定温度下，压力增大时，气体溶解度增大；压力减小时，气体溶解度减小。压力一定时，温度降低，气体溶解度增大；温度升高，气体溶解度减小。对于汽水，当瓶盖紧塞时，由于瓶中压力较大，汽水中溶解了大量的二氧化碳；瓶塞去掉后，瓶中压力减小，大量的二氧化碳气体就冲出瓶口，散失在空气中。

汽水进入胃中，由于体内温度较高，二氧化碳气体的溶解度降低，一部分溶解的二氧化碳气体就要逸出，所以就有了喝汽水后打嗝的现象。也正是在打嗝的同时，体内的一部分热量被二氧化碳携出体外，这就是喝汽水可消暑解渴的原因。

街头出售的汽水，很多会存放在冷水中。这一方面是为了降低汽水的温度，更重要的是为了防止汽水变色。

工厂在生产汽水的过程中,为了把它配成漂亮的易引起人们食欲的颜色,一般会添加人工合成色素——靛蓝和柠檬黄。靛蓝,俗称靛青,是蓝色粉末或红蓝色糊状物。柠檬黄又称酒石黄,是一种酸性染料,为橙黄色粉末,这两种色素是国家批准的食用色素。靛蓝很容易受日光及氧气作用而褪色,柠檬黄的化学性质较靛蓝稳定一些。汽水在存放过程中,如果受到日光照射,柠檬黄也会逐渐氧化而褪色,最后汽水就变成无色了。而放在水中,汽水受日光照射的影响小,汽水也就不容易变色。不过,变了色的汽水,只要未受到其他细菌的污染,仍然可以饮用。

知识加油站

碳的化学性质

结晶形碳的化学性质很不活泼,不易与其他物质发生反应。只有在空气或纯氧气里强热,金刚石和石墨才可以燃烧而生成二氧化碳。无定形碳的化学性质虽然比结晶形碳稍微活泼些,但在常温下,跟各种化学药剂也很少发生反应,只有跟强烈的氧化剂,如浓硝酸及浓硫酸接触才会缓慢地被氧化,并生成二氧化碳。所以我们常说:在常温下,碳的化学性质稳定。

4.4　避免药物和茶水"打架"

茶叶最早产于中国,现在它已成为世界上三大饮料之一,在日常生活中颇受人们的欢迎。茶叶中含有多种化学成分,其中有两种主要的生物碱——茶碱和咖啡碱。这两种物质都具有刺激中枢神经的作用,可做兴奋剂,也可在医疗上利用作利尿药。因此,经常喝酒或吸烟的人,可以经常喝点茶,因为喝茶能促使酒精和尼古丁随小便排出体外。另外,茶碱和咖啡碱还能与某些侵入人体的有害重金属离子发生化学反应,生成可溶性络合物后从尿中排出。从事金属加工工作的人,工作之余喝点茶水,就可减轻微量金属对人体的危害。

然而,我们在看病的时候,医生常常会叮嘱我们不要用茶水服药,这是为什么呢?

这主要是因为茶水里含有十分复杂的化学物质,如鞣质、生物碱、酚、醇、醛、有机酸等物质;而我们服用的中药、西药也都含有化学物质。如果茶水与药物同服,不可避免地会发生一些化学变化,从而改变药物的治疗作用。也就是说,用茶水服药的话,有些药物会和茶水中的成分"打架",就失去药效了。

那么,哪些药物能和茶水反应呢?

具体来说,茶叶中的鞣质可与铁、镁、铝、铋、钙等多种金属离子在肠道里发生化学反应(络合作用),成为难溶的物质,使身体无法吸收。如西药的胃舒平、硫酸铝、碳酸钙、葡萄糖酸钙、维丁钙、硫酸亚铁、富马酸铁、次碳酸铋及各种补铁口服液,中药中的石膏、石决明、龙骨、龙齿、牡蛎、蛤壳、明矾、自然铜、磁石、代石、赤石脂、钟乳石等,还有含有上述中药成分的中成药,如橘红九、牛黄解毒丸(片)、明目上清丸和各种活性钙制剂等,不仅不能用茶水送服,而且在服药 2~3 小时后才

能饮茶。

茶叶中的鞣质与一些药物会生成难溶性鞣酸沉淀物,不易被吸收,降低了药物的生物利用度和治疗效果。与茶水会发生这种反应的药物有四环素类、红霉素、利福平、灰黄霉素等。

鞣质是生物碱沉淀剂,与药物结合生成难溶性鞣酸盐沉淀物,不易被人体吸收而降低药物的治疗效果,如麻黄碱、黄连素、黄柏碱、奎宁等。含有生物碱成分的中药也有相似的变化,如黄连、黄柏、麻黄、益母草等。

当然,凡是药物中的成分不与茶水中的成分起化学反应的,就可以与茶水同服。比如,人们单纯服用维生素 C,由于维生素 C 在人体内吸收积累的量是有限的,往往大部分维生素 C 被排泄出体外。但是,当用茶水服用维生素 C 时,茶叶中的茶多酚(具有维生素 P 的功效)可以促使维生素 C 在人体内的吸收与积累,使维生素 C 发挥更大的功效。因此服用维生素类药物,饮茶是没有坏处的,茶叶本身含有的各种维生素,对人体也是一种补充。当然,大多数情况下,服药还是最好不要用茶水。

知识加油站

不宜饮茶者

营养不良的病人和婴幼儿不宜饮茶。因为,茶叶会影响人体对铁、蛋白质等物质的吸收,茶中的鞣质与蛋白质合成鞣酸蛋白后,胃肠道就不能吸收了。鞣酸还会影响肠道对铁的吸收,会引起婴幼儿缺铁性贫血。所以,食用蛋类、乳制品、豆制品等高蛋白食物之后,不宜立即饮茶;大病初愈后不宜大量饮茶;每次进餐前后一小时以内要避免饮茶。

4.5　能防雨的衣服

炎热的夏季,周围没有一丝风,远处传来轰隆隆的雷声,天空忽然变得越来越暗,下雨了! 路上的行人有的打起了雨伞,有的穿起了雨衣,这样人们不再怕淋雨了。那么,你知道雨衣是怎么发明的吗?

雨衣是由英国的一位普通工人麦金杜斯在 19 世纪 20 年代发明的。麦金杜斯在一家生产橡皮擦的工厂工作,他从小就勤奋好学,并且很有志气。他希望自己长大后成为一名科学家,发明出许多自己从来没有见过的东西。可是由于家境贫寒,他在少年时代就辍学了,依依不舍地离开了学校,到附近的一家橡皮擦工厂做童工。但是,麦金杜斯从未中断过学习,进厂不久,他就从老师傅那学到了全套的工艺,并很快可以独立操作了。

一天,麦金杜斯由于前一天晚上看书看得太晚,上班干活时觉得疲惫不堪、浑身没劲,当他端起一盆熔化的橡胶液往模型里浇灌时,差点摔倒。虽然盆里的橡胶液没有完全泼掉,但还是泼到了衣服上。下班了,麦金杜斯有气无力地往家走,刚走到半路,突然电闪雷鸣,下起倾盆大雨。麦金杜斯被淋成了"落汤鸡"。到了家里,麦金杜斯脱下衣服,这时,他发现一个奇怪的现象,衣服粘有橡胶液的地方没有被淋湿,而其他地方都湿透了。真是怪事,难道粘了橡胶液的衣服还有防雨的作用?麦金杜斯觉得很奇怪,打算弄个明白。

第二天上班,麦金杜斯趁工休时,在衣服上抹了一层橡胶液。下班回家后,他打了一盆水来泼这件衣服,果然粘有橡胶的衣服一点水都不透。就这样他制出了一件橡胶衣服。这件橡胶衣服可以用来防雨,但是存在点问题,橡胶很容易蹭掉。怎么办呢? 后来麦金杜斯又想到了一个好办法,再用一块布蒙在橡胶上,这样,麦金杜斯用这种夹着橡胶的双层布料制成了一件大衣。这便是世界上的第一件雨衣了。

后来,麦金杜斯的"雨衣"引起了英国冶金家帕克斯的注意,他也兴趣盎然地研究起这种特殊的衣服来。帕克斯感到,涂了橡胶的衣服虽然不透水,但又硬又脆,

现代的雨衣

穿在身上既不美观, 也不舒服。帕克斯决定对这种衣服做一番改进, 并最终发明了用二硫化碳溶解的橡胶造防水用品的新技术。

进入 20 世纪后, 塑料和各种防水布料的出现, 使雨衣的款式和色彩变得日益丰富。现代的雨衣防水布料注重透气性, 利于人穿着时湿热的水汽从雨衣内散出, 增加舒适度。

知识加油站

塑料、合成纤维和合成橡胶

塑料、合成纤维和合成橡胶都属于合成有机高分子材料, 它们的分子量很大。

塑料可以分为热塑性塑料和热固性塑料。链状结构的高分子材料一般具有热塑性, 网状结构的高分子材料一般具有热固性。

纤维有天然纤维和合成纤维。天然纤维如棉、羊毛等; 合成纤维如涤纶、锦纶、腈纶等。

合成橡胶与天然橡胶相比, 具有高弹性、绝缘性、耐油和耐高温等性能。

4.6 细菌帮忙酿造食醋

醋是人们日常生活中不可缺少的调味品,俗话说:"开门七件事:柴、米、油、盐、酱、醋、茶。"这足以说明醋在人们生活中的重要地位。

醋是以米、麦、高粱或酒、酒糟等酿成的含有醋酸(学名乙酸)的液体,在古代被称为"苦酒""淳酢""酢酒""米醋"等。由于醋味道香美,从古到今为人们所喜用。我国的酿醋和酿酒一样,历史悠久,有人认为约有一万多年。有关醋的文字记载的历史,至少也有 3000 年以上,是和食盐一样属于最古老的调味品。

那么,醋到底是怎么酿制的呢?

食醋的酿制以粮食为原料,在北方常用大麦、高粱、豌豆、小米、玉米,在南方常用大米、麸皮、醋酸菌等混合进行发酵。乙醇在醋酸菌的催化氧化下,变成了醋酸;控制一定的温度,经过一段时间后,醋酸含量达 5% 以上,不再升高,这时醋就酿好了。这整个过程也就是民间所说的"酒败成醋"。食用醋含醋酸为 5%~6%,成醋发酵一般只能在黄酒、葡萄酒等酒类里进行。这些酒的酒精含量偏低,且富含氮、磷,很利于醋酸菌的繁殖。

食醋中除含醋酸外,还含有许多对人体有益的营养成分。如食醋可以提供八种氨基酸,糖类物质(如葡萄糖、麦芽糖等);食醋中含有大量人体需要的维生素 B_1、维生素 B_2、维生素 C 等;食醋中含有人体生长发育、生殖、抗衰老和人体代谢中不可缺少的丰富的元素,如钙、钠、铁、锌、铜、磷等。

烹调时,在食物中加入少量食醋可减少维生素 C 的损失;醋能溶解植物纤维和动物骨质,煮动物骨

醋

头时加入醋可促使钙、磷、铁等矿物质的溶解析出,有利于人体吸收;烹调鱼类时加些醋,可除去鱼腥味,使钙质和磷质易析出,提高利用率;醋还可使肉类软化,煮牛肉时加点醋可使牛肉纤维软化,肉质显得柔嫩,对那些韧、硬的其他肉类,醋也是

一种较好的软化剂；用醋浸渍食物，既增加了食物风味，又能起防腐作用，人们最常吃的醋拌凉菜，不仅味鲜可口，还能帮助杀菌，避免肠道病菌传染的发生。

由于效果日趋明显，食醋在国际上也十分盛行，如日本人利用醋制作醋性饮料，即将醋、糖和时令水果，按一定比例混合后，放入带盖的广口瓶内，一周后即可饮用。这种醋性饮料制作简便易行，口感好，即使对醋厌烦的人也乐意接受。欧美人常吃醋泡面包，并用这种面包擦嘴和鼻子来预防传染病。近年来，欧美和日本还刮起一股"喝醋风"，常在夏季身体发热或感到疲劳不适时喝些醋，以解除疲劳。他们认为用醋防治疾病十分有效，并将"少盐多醋"放在"长寿十训"之二的位置上，可见对醋的认识是十分深远的。

总之，醋在当今时代，已从单纯的调味品逐渐成为药疗和食疗俱佳的著名食物之一，而且越来越广泛地受到人们的重视。

知识加油站

醋酸（CH_3COOH）简介

		性质	用途
物理性质	色态	有强烈刺激性气味的无色液体，温度低于16.6℃时凝结成冰一样的晶体（冰醋酸）	调味品，食醋中含3%～5%；有机化工原料，可用于合成纤维、香料、染料、医药以及农药等
	溶解性	易溶于水和酒精	
化学性质	酸性	能使紫色石蕊试液变成红色	
	腐蚀性	对皮肤有腐蚀作用	

4.7 味甜可口的糖

味甜可口的糖，自古以来就是人们喜爱的食品之一。我国在晋朝时便已经知道怎样制糖。北宋时期，有个名叫王灼的人总结了前人制糖的经验，撰写出我国第一部糖业专著《糖霜谱》。

然而，糖为什么甜呢？古人没有说破其中的机关，就像祖祖辈辈喝水却不知水叫 H_2O 一样，真正展示糖的化学组成，还是近代的事情。原来糖是由碳、氢、氧等多种元素组成的，结构式是 $C_m(H_2O)_n$，因而又称碳水化合物。又根据糖的结构及能否分解，分为单糖、低聚糖（又称为寡糖）和多糖。区分这些名称有什么意思？第一，毋庸赘言，这是化学研究的需要（便于分类）；第二，它的化学结构决定它的用途，即如何被吸收和利用。例如单糖能够直接被身体吸收（像葡萄糖），低聚糖必须先分解成葡萄糖才能被吸收（像食糖、乳糖），多糖则分解次数更多才能被吸收（像植物淀粉），被吸收就意味着能被人体利用。可以体会一下，我们嚼米饭时常有甜的感觉，这是米饭里的淀粉（多糖）被唾液淀粉酶水解成麦芽糖（低聚糖）的原因，麦芽糖再分解成葡萄糖（单糖）就能被人体吸收了。

糖被人体吸收后起哪些作用呢？

首先是供给热量。糖能够放出许多热能，每克糖大约能燃烧出 4 千卡的热，如按每天摄入 500 多克计算（这是人体每日需糖量），人体就能得到 2000 千卡以上的热，几乎占到人体需要能量的 70%。这些热能够维持人的体温，提供适宜的新陈代谢环境，保护各种酶发挥促进代谢活动的作用。失去热生命就将停止。

其次是组成人体。人体的结构组织都有糖的参与，例如组成人体体细胞核蛋白

的糖——核糖核酸和脱氧核糖核酸都是单糖,结缔组织中的硫酸软骨素是一种黏多糖,没有糖的支撑不少器官组织就将是空架子。

由此可见糖的重要作用之一斑,难怪科学家把糖称作"生命的高级友好使者"了。不过,以为吃糖多多益善,那是不对的。各种粮食的淀粉中含有大量的糖。身体、食欲正常的人,每日吃进一定量的米饭或面食,便能获得足够身体消耗所需的糖分,不需另外补充。若再适当吃点冰糖、方糖,对身体有益。但是,吃糖过多,对人体就会产生危害了。

糖是不含钙的食物。正常人体需要保持一定的弱碱性,吃糖多了,酸性增加,要恢复原来的弱碱性,就得消耗碱性物质——钙。这样,时间长了就会妨碍骨骼发育。所以吃糖过多对于正处于生长阶段的青少年十分不利。成年人吃糖太多,也有害无益。统计资料表明,成年人吃糖过多可导致高甘油三酯血症、高胆固醇血症以及诱发冠心病、咽炎等,对老年人还容易引起老年糖尿病,加速血管硬化等。

知识加油站

甲醇(CH_3OH)简介

性质			用途
物理性质	色态	无色透明的液体,易挥发	做燃料,化工原料等
	气味	具有酒气味	
化学性质	毒性	少量可以使人眼睛失明,多量致人死亡	
	可燃性	$2CH_3OH+3O_2 \xrightarrow{点燃} 2CO_2\uparrow +4H_2O$ 放出大量热	

4.8　杀菌防腐的银容器

我国不少地区的人们爱用银筷子吃饭和用银花瓶插花，内蒙古一带的牧民则爱用银碗盛马奶。人们在生活中使用银制器皿，是因为银制品好看吗？其实，使用银容器的原因不仅仅如此。

在长期的生活实践中，人们发现：用银碗盛马奶，马奶不易发酵变酸；使用银筷子吃饭，则可以预防因食物变质引起的中毒；在盛有水的银花瓶中插花，花可久开不败，枝叶不易腐烂。这是为什么呢？原来，银离子是一种极为强烈的杀菌剂，每升水中，只需含有 5000 万分之一毫克的银离子，就可以使水中大部分细菌死亡。当银碗、银筷子或银花瓶与液体食物或水溶液相接触时，这些银制品释放的少量具有强烈杀菌作用的银离子进入液体食物或水溶液中，从而使马奶不易发酵变酸、食物不易变质、鲜花经久不衰。这便是人们喜爱银制器皿的原因。

不过，也应该指出，银毕竟是一种很不活泼的金属，它在水溶液里直接释放出来的银离子数量很有限。因此，使用银制器皿进行杀菌，不仅过程缓慢而且效果也很不稳定。1930 年，乌克兰青年化学家库尔斯基用电弧法制取银的胶体溶液，只

银碗

需把一对银电极放在水中（互不接触），在高电压下放电即成。这种溶液杀菌力强，对人完全无害。

银离子为什么能够杀菌呢？人们通过对银的药理研究发现，水溶液里面的银离子极易被细菌的细胞膜表面所吸附，进而渗入细胞内部而将细菌的酶系统封闭起来，从而导致细菌死亡。伤寒杆菌在银片上 18 小时就会死亡，白喉杆菌在银片上只能存活三天。

目前，银离子主要应用于饮用水的杀菌消毒。尤其可贵的是，采用银离子对饮用水杀菌消毒后，即使这种水受到轻度的细菌二次污染，银离子仍然具有杀菌效

果。英国在宇宙飞船上用银做净水剂,以保护宇航员的身体健康。美国宇航局的科学家建议未来的太空城将选用银作净水消毒剂。饮用水的银离子消毒操作起来很简单,只需让水从银丝织成的网中流过,即完成消毒过程。这不仅比常用的氯气消毒剂功效优越,而且方便易行。

知识加油站

与银有关的化学方程式

$AgNO_3 + HCl === AgCl\downarrow + HNO_3$ 现象:有白色沉淀生成,且不溶于强酸

$AgNO_3 + NaCl === AgCl\downarrow + NaNO_3$ 现象:有白色沉淀生成,且不溶于强酸

$Cu + 2AgNO_3 === Cu(NO_3)_2 + 2Ag$ 现象:红色的铜逐渐溶解,同时有银白色的金属生成

$2AgNO_3 + Na_2SO_4 === Ag_2SO_4\downarrow + 2NaNO_3$ 现象:有白色沉淀生成

4.9　千锤万凿出深山

说起石灰,人们对它并不陌生。石灰有"熟石灰"与"生石灰"之分,熟石灰在建筑工地上必不可少,泥工师傅砌墙时经常使用它;而生石灰则是鱼的"健康使者",在水产养殖中大有用武之地。

生石灰遇水后可中和池水的酸性,既能在清塘时于短时间内使池水的 pH 值迅速提高到 11 以上,杀死野杂鱼,杀灭潜藏和繁生于淤泥和水中的鱼类寄生虫、致病菌及有害的水生昆虫;又能产生氢氧化钙,吸收二氧化碳,生成碳酸钙沉淀,起到改良底泥的作用。碳酸钙能疏松淤泥,改善池底通气条件,加速细菌分解有机物,并能释放出被淤泥吸附的氮、磷、钾等元素,使池水变肥,加速池底泥层中的轮虫及其休眠卵的繁育和生长,并可起到施肥作用。

总之,池塘水体施用生石灰,能改良水质,使悬浮的有机物胶态物质沉淀,从而提高池水透明度,增强光合作用,促使浮游生物的繁殖和生长,满足滤食性鱼类天然饵料的供给,并给养殖鱼类提供良好的生活和生长环境。

那么,生石灰是怎么得来的呢?

石灰岩经过高温烧制而得到的不规则白色或灰白色块状物俗称"生石灰"。明代诗人于谦曾写过一首脍炙人口的诗《石灰吟》:千锤万凿出深山,烈火焚烧若等闲。粉骨碎身浑不怕,要留清白在人间。诗人借物咏志,用石灰来表达作者坚韧不拔的性格和高尚情操,诗中把焚烧石灰

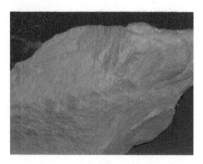

生石灰

的过程形象而逼真地表现了出来。生石灰的化学成分是氧化钙,遇水后顿时白烟滚滚,同时放出大量的热。这是一种被称作"熟化"的化学反应。生石灰加水熟化后就变成了稀糊状的熟石灰,其化学成分是氢氧化钙。

石灰虽然身价低廉,随时可得,但它却有广泛的用途。

用石灰水来浸泡鸡蛋,可保持鸡蛋的鲜美味道,使其不变质发霉。春茶上市时,

为了不使茶叶受潮，防止异味和霉变，可选用大小塑料袋各一个，先用干净的纸把茶叶包好，装入小塑料袋中，再取事先已装入生石灰的大塑料袋，将扎紧口的茶袋装入，扎紧口。这样存放的茶叶，可保持2年以上不变质走味。米缸下面放些生石灰，用器物隔开，上面放粮食，可防止粮食生虫。长了蛀虫的竹器，放入石灰水中浸泡，蛀虫很快就被杀死。窗上的玻璃如有污垢，用稀石灰水在玻璃上涂刷，玻璃可明亮如新。用生石灰水与硫黄、食盐一起配制成"白涂剂"刷于树干，可防冻防虫。生石灰加白碱、食盐、茶叶等，是用于加工皮蛋的原料。夏季室内空气潮湿，地面撒一些石灰粉，不仅可吸水防潮，使室内保持干燥，还可杀灭跳蚤、蚂蚁等昆虫。夏季在厕所内撒些石灰，可杀蛆灭蝇。在农业上，石灰是一种碱性肥料，施于酸性土壤中，可以增加土壤肥力，促进农作物增产。

知识加油站

《石灰吟》中的化学反应

千锤万凿出深山，烈火焚烧若等闲。

粉骨碎身浑不怕，要留清白在人间。

在这首诗中，于谦从石灰的生产原料、生产过程讲到了石灰的用途。

千锤万凿出深山：说明石灰石的来源是"深山"。石灰石的开采过程中没有发生化学变化。它所起的变化可能是物理形态上的变化，从大块变为小块。

烈火焚烧若等闲：说明石灰石的煅烧过程是"烈火焚烧"。该句讲生石灰的生产，涉及的化学方程式是：

$$CaCO_3 \stackrel{\text{}}{=\!=\!=} CaO + CO_2\uparrow$$

粉骨碎身浑不怕：说明生石灰向熟石灰的转化。继续发生变化，此时生石灰与水发生反应生成熟石灰，该过程中生石灰"粉骨碎身"。

$$CaO + H_2O = Ca(OH)_2$$

要留清白在人间：说明石灰的用途（粉刷、建筑等），涉及的化学方程式是：

$$Ca(OH)_2 + CO_2 = CaCO_3 + H_2O$$

通过这首诗我们可以了解石灰石、生石灰、熟石灰的转化关系和发生转化的条件。

4.10 "改头换面"的可分解塑料

现在，塑料已经成为我们日常生活中必不可少的东西，小到上街拎东西，大到高科技产品的制作，都离不开它。形形色色的塑料制品极大地丰富了人们的生活，但废弃的塑料在自然界里的分解速度很慢，要完全分解得几十年甚至上百年的时间。因而，塑料在改善了人们生活质量的同时，也给人类带来了一个恼人的问题——垃圾问题。仅我国，每年就要抛弃几十万吨的废旧塑料。

海洋的塑料污染就更难办了。全球每年在海洋中遗弃的渔网和其他塑料制品达几十万吨，废弃渔网每年缠死哺乳动物超过 10 万，误食废塑料致死的海鸟每年超过 200 万只。因此，塑料应当彻底"改头换面"，容易分解的塑料才是理想的材料。

现在正在研究和开发中的分解塑料，有一种叫作光降解塑料。这种塑料是在普通塑料中添加光敏剂制成。这种塑料受到太阳光照射后，

塑料制品

会发生光化学反应，变脆、变破，成为小碎片，以后再慢慢分解。现在已开发出多种类型的光敏剂，可用来制造多种光降解塑料。但这种塑料只能被分解成碎片，不能很快地彻底分解，还不算完美。

能够彻底分解的是生物降解塑料。生物降解塑料有很多种。其中一种是由天然高分子材料（如淀粉、纤维素、甲壳素、普鲁蓝等）制成的。不过，目前直接用这些材料做的塑料强度不高、耐水性差，还未达到实用阶段。降解性能最好的是微生物发酵生产的塑料，称为生物塑料。还有一种叫作化学合成生物降解塑料，是用可分解的天然化合物（如乳酸、酯类等）为材料用化学方法聚合而成的一种塑料。再有一种是把光降解性和生物降解性结合起来的塑料，叫作生物崩解性塑料，是用可降解的生物材料如淀粉、纤维素、多糖类，加上非降解性合成聚合物，再加上光降解

剂和化学助降解剂制作而成。生产这种塑料的工艺比较简单，利用现有的塑料生产设备就能上马生产，其中以淀粉加聚乙烯的塑料研究最成熟。

就全世界来说，用生物分解塑料制成的精美物品举不胜举。日本东京塑料研究所已研究并开发两种塑料渔网，都是用无毒可降解塑料纤维线织成，其强度和性能与普通网线差不多。其优点是使用一定时间后，丢在水里，它会缓慢溶解，被生物分解。分解后的产物无毒，对水生物无不良影响。

国外一家商店推出一种可降解包装袋，用从棕榈油中提取的多元醇生产的塑料制成。包装袋美观又轻便，本身无毒，分解后的产物也不会污染环境。

意大利诺瓦蒙特公司研制出可生物降解圆珠笔。这种笔是由玉米淀粉制成的，圆珠笔呈现天然的黄色和绿色，使用标准笔芯，外观和普通塑料圆珠笔相似，拿在手里感觉略软一些。这种笔废弃后，12个月内可被微生物完全分解。

丹麦研制出可降解塑料防火器材，形式多种多样，可都是以纤维素制成的热性塑料为材料加工制作的。这种塑料防火器材不易破碎、不怕油、不怕水，也不怕溶剂和洗涤剂，燃烧时只冒烟不着火，不释放毒气。废弃后埋在地下几个月就会自动消失，不污染环境。

总之，不用很久，你手中的塑料包装袋、圆珠笔、铅笔盒等也许都会变成由可降解塑料制作而成的。

知识加油站

有机化合物：一般把含碳元素的化合物叫作有机化合物（简称有机物），如，甲烷、乙醇、葡萄糖、淀粉等。有机化合物多数溶于水，易溶于有机溶剂；多数熔点较低，可以燃烧；大多数有机物的化学反应比较复杂，副反应多。

无机化合物：把不含碳元素的化合物称为无机化合物（简称无机物），如，氧化钙、氢氧化钠等。少量含碳元素的化合物，如一氧化碳、二氧化碳和碳酸钙等具有无机化合物的特点，因此把它们看作无机化合物。无机物有些溶于水，而不溶于有机溶剂；多数耐热、难熔化，多数不能燃烧；一般无机物的反应比较简单，副反应少。

4.11　灭火神器的秘密

我们经常看到工厂或机关单位的墙角处挂着灭火器备用,其中比较常见的是泡沫灭火器。一旦发生火警,只要把泡沫灭火器倒置,并使喷嘴对准燃烧物,灭火器的喷嘴中射出液、气及泡沫,罩住火焰使其熄灭。泡沫灭火器怎么会有灭火的能力呢?

要想知道灭火器的灭火原理,得先了解一下可燃物质的燃烧条件。可燃物质燃烧要具备两个条件:①温度达到可燃物的着火点;②跟空气接触。两个条件中缺少一个就燃烧不起来。所以要扑灭火苗,只要设法使燃烧的物质缺少两个条件中的一个即可。而泡沫灭火器的喷出液就有大量二氧化碳泡沫,正好起着破坏燃烧条件的作用。

那么,二氧化碳是怎样产生的呢?

泡沫灭火器产生的二氧化碳是由硫酸铝(铝离子和硫酸根离子组成)和碳酸氢钠(钠离子和碳酸氢根离子组成)溶液起反应产生的气体。在灭火器的钢筒内装有含少量泡沫稳定剂(甘草精、肥皂等)的碳酸氢钠饱和溶液,玻璃筒内装有硫酸铝饱和溶液。当把灭火器倒转过来时,钢筒内的碳酸氢钠就跟玻璃筒内的硫酸铝接触,相互促进发生水解反应。硫酸铝水解使溶液呈酸性(即氢离子浓度大于氢氧根离子浓度),碳酸氢钠水解使溶液呈碱性(即氢氧根离子浓度大于氢离子浓度),所以铝离子与氢氧根离子结合生成氢氧化铝沉淀,氢离子与碳酸氢根离子结合生成碳酸,碳酸易分解,放出二氧化碳。二氧化碳的大量生成使筒内压强突然增大,迫使二氧化碳泡沫急速喷出。

二氧化碳不能支持燃烧,又比空气重,如果二氧化碳覆盖在燃烧的物体上,就能使物体跟空气隔绝而停止燃烧。因此二氧化碳可以用来灭火。水解反应的另一产物氢氧化铝,是二氧化碳得力的"助手",它可以覆盖被燃物,提高灭火的功效。

泡沫灭火器

值得注意的是,泡沫灭火器可用于扑灭一般物质的燃烧,却不能用于油类、未切断电源的电气设备以及忌水物质,如电石、钠、钾等的灭火。这是因为泡沫液中含有大量的水,比油类重,不能覆盖在着火的油类的表面;同时泡沫液具有导电性,如用于电气火灾,则带电的泡沫液会造成触电的危险;而电石、钠、钾等能与水剧烈反应,产生可燃性气体,这类物质引起的火灾,如果用泡沫灭火,等于"火上浇油"。因此,泡沫灭火器平时只适用木材、纸张、纺织品等引起的火灾。

但是,干粉灭火器恰恰能够扑灭泡沫灭火器不能起作用的火灾,而且,它的灭火效果也比泡沫灭火器要好。干粉灭火器灭火时喷出的干粉灭火剂,是一种固体干粉灭火材料,主要的药品是普通的小苏打(碳酸氢钠),其他还有石英粉、滑石粉、云母粉等。

这些干粉能灭火的原因,一是干粉的浓度密集,粒子极细,在火焰区能覆盖在燃烧物表面,隔离火焰的辐射热,抑制燃烧;二是小苏打分解后迅速吸收热量,降低了燃烧温度,同时分解产生的二氧化碳气体也具有灭火的作用;三是能阻断燃烧的连锁反应,大大降低火焰的能量,达到迅速灭火的效果。

知识加油站

爆炸:可燃物在有限的空间内急剧的燃烧,就会在短时间内聚积大量的热,使气体的体积迅速膨胀而引起爆炸。

爆炸极限:可燃性气体等在空气中达到一定的含量时,遇到火源就会发生爆炸。这个能发生爆炸的含量范围,叫作爆炸极限。

可燃性混合物的爆炸极限有爆炸下限和爆炸上限之分,分别称为爆炸下限和爆炸上限。上限指的是可燃性混合物能够发生爆炸的高浓度。在高于爆炸上限时,空气不足,导致火焰不能蔓延不会爆炸,但能燃烧。下限指的是可燃性混合物能够发生爆炸的低浓度。由于可燃物浓度不够,过量空气的冷却作用,阻止了火焰的蔓延,因此在低于爆炸下限时不爆炸也不着火。

4.12　美丽的幽幽冷光

夏夜,朦胧的月色里,萤火虫在低空徘徊低舞,不时闪着灿烂的小光点。这小光点仿佛从新月中掉下来似的,非常美丽。你知道萤火虫究竟凭什么发光吗?

原来这是萤火虫里的成光蛋白质与成光酵素在变把戏。成光蛋白质在成光酵素的催化作用下,与氧发生作用,变成含氧成光蛋白质发出了绿光。但细胞里的成光蛋白质是有限的,很快就消耗掉了,可是萤火虫却能不停地闪光。怎么回事呢?这是因为这种含氧成光蛋白质与水化合以后,就又还原为成光蛋白质,所以成光蛋白质是一种点不完的"灯油"。

化学能转化为光能的同时总是伴随着发热,所以转换效率总是不高。但萤火虫几乎把 95% 以上的化学能量都用来发光了,萤火虫的体温几乎没有升高。这种光,称为冷光。发冷光的东西,远不止萤火虫,生活中也有发冷光的东西。例如,在演唱会上,观众手里攥着一束五颜六色的荧光棒,它们轻巧、便宜,能发出幽灵般的光,堪称完美的安全发光体。

尽管看上去很神奇,但荧光棒采用的技术其实非常简单。市场上出售的普通荧光棒内装有过氧化氢溶液以及一种包含苯基草酸酯和荧光染料的溶液。当上述两种溶液混合时,会依次发生下列反应:过氧化氢氧化苯基草酸酯,生成苯酚和不稳定的过氧酸酯;不稳定的过氧酸酯分解生成更多的苯酚和一种环状过氧化物;环状过氧化物分解生成二氧化碳,分解过程中会向染料释放能量。

荧光棒

那为何弯曲荧光棒会使其发光呢?原来荧光棒内有一个小玻璃瓶,瓶内装有一种化学溶液,而瓶外是一个较大的塑料瓶,里面装着另一种溶液。弯曲塑料棒时,玻璃瓶突然断裂,两种溶液流到了一起,发生化学反应,使荧光染料发光。化学溶液中使用的染料不同,所发出光的颜色也不同。

　　根据所使用的化合物,化学反应的时间可能是几分钟,也可能持续好几个小时。如果将溶液加热,额外的能量会加速反应,荧光棒会更亮,但发光时间会缩短。如果冷却荧光棒,则反应会减缓,光也会变暗。所以,如果想把荧光棒保留到第二天,可将其放进冰箱,这不会中断反应过程,但会明显延长反应时间。

知识加油站

夜光表

　　夜光表上的指针和数字涂上了荧光物质——硫化锌、硫化钙等,并掺有少量放射性物质镭、钍等,放射性物质能不断射出我们肉眼看不出的光线。在它的照射下,荧光物质(硫化锌)等就会发光,所以我们在黑夜仍能清楚地看出是几点钟。

夜光表

4.13　功过参半的地球"被子"

在百花凋谢、万木落叶、朔风凛凛的冬天,用玻璃盖成的暖房里却是另一番情景:这里春意盎然,青枝绿叶的蔬菜生气勃勃,五颜六色的花朵相互争艳。为何仅隔一层玻璃,竟有这么大的区别呢?

原来太阳辐射为短波辐射,而地球向太空的辐射却为长波辐射,温室的玻璃能让太阳光畅通无阻地到达地面,却不让地面反射的长波热射线跑出去,地面的热量既然不易散失,室温就会保持或升高,利用这个原理,人们可在屋子里种植蔬菜。

其实,我们的地球就像一个大温室,地球大气中的二氧化碳和其他微量气体(如甲烷、臭氧、水蒸气等)就好比温室的玻璃,它们几乎不吸收太阳光,却能大量吸收地面的长波辐射,这些气体被称为温室气体。最主要的温室气体是二氧化碳,它是碳的一种存在形式。空气中含有二氧化碳,而且在过去很长一段时期中,含量基本上保持恒定。这是由于大气中的二氧化碳始终处于"边增长、边消耗"的动态平衡状态。

温室气体就像是给地球盖上了一条被子,使地球不会"着凉感冒"。温室效应曾对人类和地球的发展起着积极的作用。但是近几十年来,由于人口急剧增加,工业迅猛发展,人类产生的二氧化碳,远远超过了过去的水平;而且,由于对森林乱砍滥伐,大量农田建成城市和工厂,破坏了植被,减少了将二氧化碳转化为有机物的条件;再加上地表水域逐渐缩小,降水量大大降低,减少了吸收溶解二氧化碳的条件,破坏了二氧化碳生成与转化的动态平衡,使大气中的二氧化碳含量逐年增加。空气中二氧化碳含量的增长,就使地球气温发生了改变。

本来,二氧化碳可以防止地表热量辐射到太空中,具有调节地球气温的功能。但是,二氧化碳含量过高,就会使地球仿佛捂在一口锅里,温度逐渐升高,就形成"温室效应"。

如果二氧化碳含量比现在增加一倍,全球气温将升高 3~5℃,两极地区可能升高 10℃,气候将明显变暖。气温升高,将导致某些地区雨量增加,某些地区出现干旱,飓风力量增强,出现频率也将提高,自然灾害加剧。更令人担忧的是,气温升高,将使两极地区冰川融化,海平面升高,许多沿海城市、岛屿或低洼地区将面临海水上涨的威胁,甚至被海水吞没。

因此,我们应积极开发各种更干净的新能源,尽量节约使用矿石燃料,有效地控制二氧化碳含量增加,控制人口增长,加强植树造林,绿化大地,维持地球的生态平衡,减少温室效应带来的危害。

知识加油站

二氧化碳的实验室制法

(1)药品:石灰石(或大理石)和稀盐酸。

(2)反应原理:$CaCO_3 + 2HCl === CaCl_2 + CO_2\uparrow + H_2O$

(3)实验装置:类似于制氢气的装置,因为实验室制取 CO_2 是常温下用固体和液体反应制得的。

(4)收集方法:因为 CO_2 能溶于水,不能用排水法收集;CO_2 的密度比空气大,可用向上排空气法收集。

(5)检验方法:

验证:把制得的气体通入澄清石灰水中,若澄清石灰水变浑浊,证明这种无色气体是 CO_2。验满:把燃着的木条放在集气瓶口,若火焰熄灭,证明瓶内已充满 CO_2。

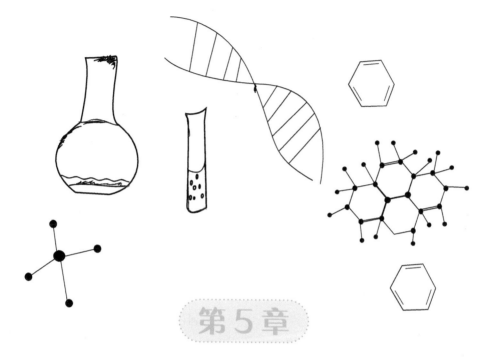

第 5 章

不可小觑的安全问题

随着国民经济实力的增长，人民生活水平的日益提高，健康、安全逐渐成为人们关注的焦点。人们在生活的各个方面都更加注重健康问题、更加关注安全问题。果蔬中的农药残留问题，各种器具的消毒问题，如何健康饮水……都是生活中不可小觑的问题。

5.1 我们为什么会疲劳

疲劳,几乎是人人都常有的生理现象。然而,它却使人讨厌。因为它不仅妨碍人们继续工作、学习,甚至在疲劳的时候,连看看电影、听听音乐的兴趣也没有了。这是多么使人扫兴而又令人厌恶的事啊。那么,怎样才能消除疲劳呢?

要消除疲劳,首先必须弄清造成疲劳的原因。

今天的人类社会,人们生活的条件较之以前优越了很多。家庭生活的电器化、交通工具的现代化,为人类提供了种种方便,真是又省时又省力,按理说,没有什么再给人造成疲劳的了。其实不然,疲劳仍然时刻袭击人们的心头。这是因为,造成疲劳的根本原因不单纯是过度的体力消耗。

那么,疲劳到底是怎样形成的呢?

心理作用是产生疲劳的原因之一。激烈运动以后,情绪松弛下来,疲劳的感觉会立即出现。从化学的角度来看,疲劳与碳水化合物的代谢有密切关系。

人体各组织器官在进行紧张的生理活动时,一面消耗大量营养物质,如三磷酸腺苷。这种高能量化合物的水解,是一种大量放热的反应。而在运动时,肌肉纤维收缩,加速细胞里的吸热反应。如果人体肌肉里所储存的三磷酸腺苷很快消耗掉,又来不及补充,人就感到疲劳。

另一方面,在激烈运动时,血液对肌肉所需要的氧气会供应不足,那么,肌肉细胞就必须调动葡萄糖的分解来产生能量。可是,葡萄糖分解的同时会形成许多代谢废物(如二氧化碳和乳酸等)。这些代谢物在血液里堆积到一定程度时,肌肉便不能继续有效地进行活动,这一信息传给中枢神经,中枢神经便立即发出应该休息的信号——疲劳感。

休息是消除疲劳恢复体力的主要途径,其中最有效的是睡眠。人在睡眠中,一切生命活动缓慢下来，各组织器官处于恢复和重新积累能量的状态。所以一觉醒来，疲劳多能不同程度地消除。倘若睡前能用温水洗脚，睡时讲究姿势，并能排除一切杂念，安然入睡，醒后会感到精神振奋，如释重负。

如果你的午餐中碳水化合物含量高而蛋白质含量低，下午你会感到疲劳。那是由于碳水化合物促进了脑内具有镇静作用的化合物 5– 羟色胺的产生。经研究，蛋白质通过限制 5– 羟色胺的产生能抵消碳水化合物所致的瞌睡。所以，合理的膳食也可以帮助减少疲劳。过重的体力活动要消耗大量的蛋白质和糖，应注意加以补充。

知识加油站

组成人体的元素

1. 常量元素：在人体中含量超过 0.01% 的元素称为常量元素。人体中含量较多的元素有 11 种，约占人体质量的 99.95%，含量从大到小依次是：氧、碳、氢、氮、钙、磷、钾、硫、钠、氯、镁。

2. 微量元素：在人体中含量在 0.01% 以下的元素称为微量元素。一些微量元素在人体中含量虽然很少，却是维持正常生命活动所必需的。如，铁是血红蛋白的成分，能帮助氧气的运输，缺铁会引起贫血；缺锌会引起食欲不振，生长迟缓，影响人体发育；缺碘会引起甲状腺肿大……

5.2 人身上有许多金属

"人身上有许多金属!"当你听到这句话时,也许会感到吃惊,但是,这是事实。

人体内不仅存在许多金属,而且金属在人体中起着重要作用。比如铁在人体内就占有重要地位。在人体内,血有好几种作用,但重要的作用还是带送氧气:把氧气从肺部输送到人体各个组织中去,然后又把组织代谢产物——二氧化碳运回到肺里,呼出体外。血液所以有这种功能,是因为血液中的血红蛋白具有与氧和二氧化碳结合而又分离的能力。铁是合成血红蛋白的主要原料。人体内有几克铁,其中有一多半都集中在血液里,正是铁提供了氧在肺与组织之间运输的基本保证,否则人就会因缺氧而死亡。此外,铁在人体内还能帮助人体"烧毁"碳水化合物、脂肪、其他有机物,供给人体活动所需要的热能。成年人每天需要 15 毫克铁,如果在膳食中得不到必需的铁量,那就会引起"营养性贫血"。人体需要的铁质可以从动物的肝、瘦肉、蛋类、菠菜等食物中摄取。

动物的肝

钙是人体内所有无机盐元素中含量最高的一个。人体内的钙 90% 集中在骨骼和牙齿里,1% 留在血液等处。钙主要是参与骨骼和牙齿的形成。此外,还能够防止神经感应性过高,减少肌肉抽筋现象;人体受伤出血后,钙有助于血液凝固,以制止流血。一个成年人的体内大约含钙 1 ~ 2 千克,每天应进食 0.7 ~ 0.8 克的钙,才能满足生理的需要。正在发育的儿童体内缺钙,就会发生软骨等缺钙病症,影响正常发育;成年人缺钙,就会造成牙齿松动、骨头疏松等现象。

人体内有钠和钾,它们在人体内的重要功能是维持体内水的平衡、渗透压的平衡、温度平衡等。人体的这些平衡一旦遭到破坏,生理就会失调,以至发生疾病。所以,人们称钠、钾为人体天平的砝码。

人体内还有铜、锌、镁、锰等。我们知道,酶是人体新陈代谢过程中不可缺少的物质。在人体的生理活动中,不同的酶有不同的作用。像淀粉酶能催化淀粉的水解(消化过程),产生糊精及麦芽糖。胃蛋白酶能促进蛋白质水解,使其产生多肽及氨基酸等等。然而这些酶有的是单纯的蛋白质,有的还会有非蛋白质成分——金属铜、锌、锰、镁。某些酶缺少了这些金属,将会失去作用。

上面只是重点地介绍了一些金属在人体内的作用,但人体内的金属远远不止这些。比如,在人的大脑里就有铜、锰、钒、钼、钴、铋……二十余种金属。另外在肺中发现了锂,在眼睛的视网膜里则含有钛、钼等。科学家们虽然愈来愈多地发现了人体内的金属,也越来越了解了它们的功能,但是还没有揭开它们在人体内的全部秘密。

知识加油站

对人体健康有害的金属

人们在生产、生活中,可能会吸入金属粉尘、金属蒸气,有害金属通过人体的消化道、呼吸道或皮肤黏膜进入人体。科研人员排出了潜在毒性较大的前10种金属,顺序为:汞>锡>铅>铬>铊>锑>铍>锌>锰>银。排在前几位的均是重金属元素,而重金属元素污染通常无色、无臭、无异味,难以提防,而且,重金属污染物能被水生动物吸收并在体内富集,再通过"食物链"的传递作用,在最后进入人体前可富集成千上万倍,构成可怕的威胁。另外,有害金属还能通过胎盘影响下一代的健康。

5.3 常用的消毒利器

庆祝宴会、佳节良宵、烹调食物等都少不了酒。酒是含有乙醇的饮料,乙醇俗名酒精,是一种能和水以任意比例混合的无色液体。它略有香味、略带甜味而有刺激性,并能醉人。我们饮用的各种酒,含乙醇的浓度各不相同。啤酒含乙醇 3%~5%,葡萄酒含乙醇 6%~20%,黄酒含乙醇 8%~15%,白酒含乙醇 50%~70%,所以有的酒易醉人,有的酒难以醉人。

酒精还可以用来消毒,这是大家都知道的常识。可奇怪的是,医用的消毒酒精是 75% 的酒精,纯酒精反而不能杀菌。这是什么原因呢?

原来,细菌是一大类体积极小的微生物,在自然界中分布很广。细菌细胞的构造大致可分为细胞壁、细胞膜和细胞质,细胞壁的内侧是由脂蛋白和磷脂所形成的细胞膜,膜内充满着细胞质,内含能制造各种蛋白质的"小工厂"。而酒精具有很大的渗透能力,能够通过细胞膜进入细菌体内,使蛋白质变性,将细菌杀死。所以它是医疗上常用的消毒剂。护士给病人打针时,先用药棉浸了酒精在打针部位擦一下,这样就能杀死皮肤表面的细菌,使细菌不能随针口侵入而造成感染。此时,护士所用的酒精含乙醇 70% 左右。

消毒酒精

然而,奇怪的是,细菌遇到纯酒精(含乙醇 99.5% 以上)倒不会死去。这是因为当纯酒精接触到细菌后,由于纯酒精的浓度很大,吸水性较强,一下子就破坏了细菌细胞壁的蛋白质结构,使蛋白质急速变性。变性后的蛋白质黏性增大,渗透压降低,使酒精不能继续扩散到细胞内部,故细菌虽暂时丧失活力,但并不死亡。

把酒精稀释到 70% 以后,由于它能缓慢地渗透到细菌内部,杀菌能力便大大提高。这样看来,似乎酒精越稀,杀菌能力越强。其实不然。浓度小于 70% 的酒精,使蛋白质变性的能力又嫌太弱,故用 70% 的酒精消毒最为理想。可是,乙醇极易挥发,为了防止乙醇挥发使酒精浓度变小,降低杀菌效力,所以杀菌时应配制 75% 的酒精溶液。

知识加油站

红药水和碘酒不能同时使用

红药水(又称红汞)和碘酒都是外科医生常用的消毒剂。但是,这药房中的"近邻"却"水火不相容"。所以,外科大夫处理病人伤口时,总是用了红汞就不再用碘酒了。"近邻"间的矛盾为何这般尖锐?这还需从红汞和碘酒两方面来说。红汞是 1%~2% 的汞溴红的水溶液。汞溴红的结构中含有汞元素的成分。碘酒就是碘的酒精溶液,其中含少量的碘化钾。当红汞与碘酒相遇时,就发生化学变化,生成一种毒性较强的碘化汞。碘化汞能溶于人体的血液里,使人牙床浮肿发炎,疲乏、头痛、易怒,甚至战栗,引起古怪的神经症状,以致死亡。所以,在进行消毒时,不要同时使用红汞和碘酒。

5.4 清除蔬菜的农药残留

在人们的日常生活中,有许多人认为,现在宁可一日无肉,不可一餐无菜,可见蔬菜在人们的心目中已占了重要的地位。这不仅因为蔬菜可使吃腻了肉类的人们转换口味,而且蔬菜还具有丰富的营养价值,如维生素、矿物质(钙、铁等)、蛋白质、脂肪、糖等,有益健康。

但是,在食用蔬菜时,人们必须警惕因蔬菜受农药污染而带来的危害。最近,国内外均有因食蔬菜而导致农药中毒的事件的报道。

蔬菜中为什么有残留农药呢?原来在给农作物施用农药时,一部分农药黏附或吸附在蔬菜的表面,另一部分农药落在土壤和水体中。一些在土壤和水体中的农药通过植物导管进入到根、茎、叶、果实中,并且随植物的生长不断地蓄积。

目前发现蔬菜上常见的残留农药是有机磷类杀虫剂。当人们食用被农药污染的蔬菜后,过量有机磷进入胃肠道后被吸收进入血液循环,并经血液循环到达全身,从而出现各系统的中毒症状。中枢神经系统的中毒症状表现为:全身乏力、头痛、头晕、烦躁不安、瞳孔缩小、视力模糊,甚至昏迷等;消化道症状为流涎、恶心、呕吐、腹痛、腹泻等;心血管系统表现为:心率下降、血压降低或升高;呼吸系统表现为呼吸困难,甚至肺水肿;泌尿系统表现为小便失禁;皮肤的汗腺因分泌汗液增加而大汗淋漓。最后常因呼吸衰竭、呼吸肌麻痹或循环障碍而死亡。

食用农药污染的蔬菜而导致中毒的严重性已引起人们的广泛关注。那么,应该如何清除残留在蔬菜上的农药呢?

人们在食用蔬菜时都要用水清洗,有

蔬菜上的农药残留一定要洗掉

的还要去皮；还有的人用水较长时间浸泡，或者用中性清洗剂、碱性水、稀高锰酸钾水浸洗；还有的人先用清水将表面污物洗净，放入沸水中 2 ~ 5 分钟捞出，然后用清水冲洗 1 ~ 2 遍。这些办法在去除表面黏附或吸附的残留农药是行之有效的办法，如苹果清洗后去皮，可以去除残留的六六六农药 90% 以上；菠菜加热后可去除 93% 残留的克菌丹农药。但是，水洗、水浸法只能去除表面黏附或吸附的那些水溶性残留农药，而有机氯类脂溶性农药是洗不掉的，用中性清洗剂则可以部分洗掉，但必须要把清洗剂冲洗干净。实际生活中，可以将以上几种方法联合使用。

特别指出的是：韭菜虫害——韭蛆常常生长在菜体内，表面喷洒杀虫剂难以起作用，于是部分菜农用大量高毒杀虫剂灌根，而韭菜具有的内吸毒特征使得毒物遍布整个株体，所以韭菜被污染的情况相对严重一些。因此，韭菜最好采用碱水浸泡法，时间在 1 ~ 2 小时。

知识加油站

施用农药注意事项

农药是我们跟病、虫、鼠、杂草等进行斗争，保证农业丰收的有效武器，但有些农药如使用不当，会对农作物产生药害，或污染水源，对人畜也有很大毒性。因此，施用农药时既要充分发挥农药的药效，又要尽量避免或减少它的药害和毒害。这就需要在施农药前具体了解：农药本身的性质和特点、作物的品种和对药剂的忍受能力、防治对象的生活习性、本地气候条件、合理施用的浓度和方法、安全操作注意事项等。

5.5　使用高锰酸钾的学问

不少人在对家庭中的茶杯、餐具等进行消毒时，总爱让灰锰氧做帮手。灰锰氧，就是实验室常用的无机氧化剂——高锰酸钾，它是深紫色的晶体，且溶于水。

使用高锰酸钾可大有学问。是否随便在水里放点高锰酸钾即成消毒水了？茶杯、餐具放到消毒水里浸一浸，拿出来是不是就算消过毒了？消毒水由紫红色变成棕黄色后，还能不能继续使用呢？

高锰酸钾是一种强氧化剂，它与有机物质（例如微生物）接触时，可放出新生态氧将细菌杀死。要达到消毒的目的，首先要注意药水的浓度。消毒水一般配成0.4%的溶液最好。过稀不能杀死细菌；过浓不仅浪费药物，而且对皮肤、物品有刺激性、腐蚀性。其次要注意消毒的时间，一般茶杯、餐具要浸泡10~15分钟。另外，当消毒水由紫红色变成棕黄色后，就不能再继续使用。这是因为高锰酸钾在消毒过程中逐渐被还原，失去杀灭微生物的效力。有时，还没使用过的消毒水也会变色，这是因为高锰酸钾受光照射容易分解成锰酸钾、二氧化锰和氧气。锰酸钾是深绿色的，二氧化锰是黑色不溶物。所以当发现消毒水发绿，并有沉淀时就不能使用了。为了防止消毒水变质，最好现配现用，如一次用不完，可保存在棕色瓶子里，并将瓶子放在阴凉通风处。

高锰酸钾

在使用过程中，如果不慎将消毒水溅在衣服上，可用草酸与稀盐酸的混合液洗去。因为高锰酸钾在酸性环境中可被草酸还原成无色的化合物。所以，紫色的高锰酸钾斑渍就消失了。

知识加油站

高锰酸钾制氧气

实验目的：了解高锰酸钾（KMnO₄）受热分解可以制取氧气。

原理：KMnO₄ 受热达 200℃以上时，即可分解产生氧气。反应式为：

$$2KMnO_4 \xrightarrow{\triangle} K_2MnO_4 + MnO_2 + O_2 \uparrow$$

仪器药品：KMnO₄，棉花。

方案与步骤：把 10 克 KMnO₄ 装入干燥、洁净试管底部，管口放少量棉花（防止产气时把 KMnO₄ 喷出），如装置二所示，加热可收集 6~7 瓶气体（125 毫升的集气瓶）。

实验安全：实验前应取少量 KMnO₄ 于蒸发皿中加热。若显火花，则易引起爆炸。若试管潮湿，易使试管炸裂。

实验说明：

（1）KMnO₄ 加热时，应先将试管均匀加热，然后再集中加热药品前部，逐渐移向试管底部。

（2）本反应 KMnO₄ 利用率虽不高，但反应平稳，适于学生实验。

（3）为了彻底防止氧气流把 KMnO₄ 带出，可按装置一操作。

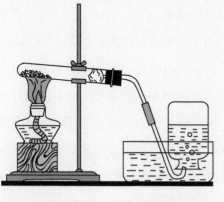

装置一　　　　排水法

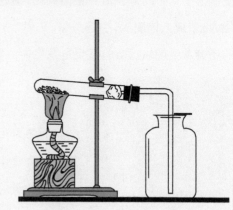

装置二　　　　向上排空气法

5.6 烂白菜中的剧毒物质

在北方,每当大白菜上市的季节,家家户户都要多买一些,贮存起来过冬食用。贮存时应把白菜放在通风、干燥、阴凉处,不要闷放在地窖里。如果贮存不妥,就会出现白菜腐烂的现象。腐烂的白菜不但人不能食用,而且也不能喂牲畜。这是为什么呢?

因为在大白菜中含有一定量的硝酸盐,硝酸盐本身是无毒的,但当白菜中同时有大量还原性微生物存在时,白菜腐烂以后,在细菌的影响下,其中的还原性微生物大量繁殖,从而加速硝酸盐分解成有毒的亚硝酸盐。

为什么亚硝酸盐都是有毒的物质呢?

因为人的呼吸离不开氧气,而空气中的氧气是通过呼吸道进入肺里,在肺里被血液吸收的。氧气在血液中是靠和低铁血红蛋白结合而运输的,只有极少部分的氧气是以物理溶解形式运输的。低铁血红蛋白作为氧气的载体,它克服了氧气在水中溶解度低的限制,把肺部吸入的氧气适量地送给组织细胞。可是,亚硝酸盐能使血液中正常的低铁血红蛋白氧化,变成高铁血红蛋白,从而使血液丧失携带氧的能力,造成人体缺氧,引起头痛、头晕、恶心呕吐、腹胀、心跳加快等中毒症状,严重的还会发生抽风、昏迷,甚至危及生命。所以千万不要吃烂白菜。

腌制蔬菜

再如农贸市场出售碧绿的新鲜咸菜,很多人为它们的颜色和美味所吸引,以为新鲜好吃争着买。殊不知,吃这种新鲜咸菜是很容易造成食物中毒的。这是因为新鲜的蔬菜中含有一定数量的硝酸盐,若腌制不透,硝酸盐便会在一些细菌的作用下还原为有毒的亚硝酸盐。一般来说,雪里蕻(又称雪里红)产生亚硝酸盐在腌后20天左右为高峰;青菜最快,一天即可产生。但多种蔬菜经过一个多月的腌制,硝酸盐即可遭到破坏。

在我国南方许多地区素有腌制蔬菜的习惯,每当蔬菜旺季,家家户户都要将蔬菜晒干,腌后贮藏起来。有的人为了泡发干腌菜,喜欢用冷水浸泡数小时,甚至过夜。殊不知,用冷水长时间浸泡干腌菜,容易使干腌菜产生大量的亚硝酸盐。有人做过实验,用冷水浸泡干腌菜,8 小时后亚硝酸盐的含量为每千克 11.28 毫克,浸泡 20 小时后高达 606.69 毫克,泡 24 小时后可高达 1809.2 毫克,这样高的含量根本不能食用。而用开水浸泡干腌菜,由于开水杀灭了晒制过程中污染的细菌,基本上就没有亚硝酸盐产生。因此,烹调干腌菜前,请不要用冷水浸泡。

知识加油站

盐

盐是指一类金属离子或铵根离子与酸根离子或非金属离子结合的化合物。如氯化钠、硝酸钙、碳酸钠等。

盐的化学性质

盐与金属反应生成另一种金属和另一种盐,如:$Zn+CuSO_4 = ZnSO_4+Cu$

盐和酸反应生成另一种盐和另一种酸,如:$BaCl_2+H_2SO_4 = BaSO_4\downarrow +2HCl$

盐和碱反应生成另一种盐和另一种碱,如:$CuSO_4+2NaOH = Cu(OH)_2\downarrow + Na_2SO_4$

盐和盐反应生成两种新盐,如:$NaCl+AgNO_3 = AgCl\downarrow +NaNO_3$

5.7　带你认识 pH 值

小朋友们,你听说过 pH 值吗? 你知道 pH 值代表的意思吗? 其实,pH 值,也就是平常所说的酸碱度。要问酸碱度为什么叫 pH 值? 这要从水讲起。

你知道吗? 在各种天然水中,雨水最纯净。纯净的水是无色无嗅无味的透明液体,它是由两个氢(H)原子和一个氧(O)原子结合而成的,分子式写成 H_2O。通常,水里边不但有水分子,同时还有因水分子微弱电离而形成的氢离子(H^+)和氢氧根离子(OH^-)。只不过纯水的电离度非常小,没有电离的水分子浓度变化微乎其微,实际上可以看作一个常数。

在水溶液里,氢离子浓度代表着酸性反应,氢氧根离子浓度代表着碱性反应;在一定温度下,它们二者的乘积是个常数,所以氢离子浓度与氢氧根离子浓度之间又是个互补关系。这样的话,用其中一种离子浓度,就能同时表示出里面另一种离子的多少,也就能反映出酸碱程度来。因此,才延续下用氢离子浓度来表示酸碱度的习惯。

根据实验测知,在 25℃的温度下,纯水中的氢离子浓度等于 10^{-7} 时为中性反应。于是,大于这个数值的,说明氢离子多了,是酸性反应;小于这个数值的,说明氢离子少了,是碱性反应。因为这些数值很小,写起来、用起来都很麻烦,后来就有人提出用氢离子浓度的负对数值来表示的办法。也就是说,纯水,就可以把氢离子浓度简化写成 pH = 7。

可见,pH 值是一个符号,它代表着氢离子浓度的负对数值,数值范围 0 ~ 14,并用 7 来划线,数值越大,碱性越强;数值越小,酸性越强。

像化工厂离不开 pH 值一样,人体这个"化工厂"也与 pH 值密切相关。在人体中,新陈代谢无时无刻不在进行中,但新陈代谢需要有一个合适的环境,其中人体对 pH 值的要求,即对酸碱度的要求是一个重要方面。在生命活动过程中不断产生酸性物质和碱性物质,并有相当数量的酸性物质和碱性物质进入体内。因此,酸性物质和碱性物质必须保持一定数量的比例,即 pH 值的大小在人体的各部位都有一定的范围,如果一旦发生变化,就可能对有机体产生毒性。例如,人体血液的

pH 值大约为 7.4。如果 pH 值过低，那么就会引起酸中毒，甚至死亡；若 pH 值过高，会引起碱中毒，甚至死亡。

我们的皮肤也可分为酸性和碱性两大类，依皮肤表面的酸度和碱度（pH 值）状态而定，pH 值 7 为中性，7 以上为碱性，7 以下为酸性。据专家们测定，一般健康皮肤呈弱酸性，pH 值约为 5.8。一旦皮肤的 pH 值过高时，细胞就会受到破坏，使皮肤粗糙和过敏，有时还会出现湿疹、斑疹。有趣的是，人体内的 pH 值与皮肤的 pH 值在正常情况下刚好相反，即酸性体质的人皮肤会碱性化，会对皮肤形成更大的威胁。

通常干性皮肤皮脂分泌量少，pH 值会大于 7 而呈弱碱性，因此在清洁面部时就宜选用微酸性的香皂或洗面奶，并用冷水洗脸，避免将脸越洗越干，在饮食上更要注意控制酸性食物进食量。油性皮肤与干性皮肤正相反，油脂分泌量多，容易阻塞毛孔引起毛囊炎和疖子，青年人情况会更严重些，应该选用中性或稍偏碱性的洗涤用品，最好使用温水或热水洗脸；清洗面部的次数也应多一些，每日三四次，要注意控制油性化妆品的使用量，尽量选用含水分较多的化妆护肤品。

知识加油站

分子式

用元素符号来表示物质分子组成的式子叫作分子式。它的意义如下

分子式的意义	以 Na_2CO_3 为例
表示组成物质的各种元素	碳酸钠由钠、碳、氧三种元素组成
表示物质的 1 个分子里各元素的原子个数	碳酸钠的 1 个分子里含有 2 个钠原子（实为 Na^+），1 个碳原子和 3 个氧原子
表示物质分子的分子量	Na_2CO_3 的分子量 $=23×2+12+16×3=106$
表示组成物质的各元素的质量比	$Na : Cl : O=46 : 12 : 48=23 : 6 : 24$

分子式前面的系数，其意义之一是：表示该物质的分子个数。如 $2Na_2CO_3$，表示 2 个碳酸钠分子。

书写分子式的一般规则

（1）单质分子式　金属单质和非金属的固态单质的分子式，与其元素符号通用；惰性气体的分子都是单原子分子，其分子式也与其元素符号通用；气态非金属单质是双原子分子，它们的分子式是在其元素符号的右下角写一个小的"2"字，如 O_2、N_2、H_2；液态的溴和固态的碘也是双原子分子，它们的分子式分别是 Br_2 和 I_2。

（2）氧化物的分子式　氧元素符号写在右方，另一种元素符号写在左方，如 CO_2、CuO。

（3）由金属元素与非金属元素组成的化合物　金属元素符号写在左方，非金属元素符号写在右方，如 Na_2S、$FeCl_3$。

（4）由两种非金属元素组成的化合物　正价元素符号写在左方，负价元素符号写在右方，如 HCl、PCl。

（5）含有原子团的化合物，原子团不要分开写，如 $NaOH$、H_2SO_4、Na_2CO_3。

5.8　水怎么还有软硬之分

自古以来,水不仅是人们的生活之源,而且,还为人类提供了舟楫之便和鱼盐之利。但是,只有到今天,水才有了它真正的用武之地。现在,它除了把隐藏着的巨大能量转化为电能,源源不断地输送到四面八方,还逐步深入各个生产领域,发挥着不同的作用。

在工农业生产和日常生活中实际应用时,并不是所有的水都是同样受欢迎的。就拿洗衣服来说,含有较多的钙离子和镁离子的水不好用,因为水中的钙镁离子很容易和可溶性的肥皂(通常是硬脂酸钠)发生化学反应,使可溶性的肥皂变成了不溶性的硬脂酸钙沉淀,从而丧失了肥皂的去污能力,无形之中浪费了大量肥皂。而且,生成的沉淀黏附在织物纤维上造成外观发黑,质地变脆。

所以,水中矿物质含量的多少,就成了决定水应用价值的一个重要因素,为了比较水中含矿物质的多少,人们引进了硬度的概念。水的硬度是指溶解在水中的盐类物质的含量,即钙盐与镁盐的含量。含有较多可溶性钙、镁化合物的水叫硬水。不含或含少量可溶性钙、镁化合物的水叫软水。

由于塘、河、井水中存在的最主要的金属离子是钙离子和镁离子。因此,硬度就用来表示水中钙离子和镁离子的总浓度。只有当其他可能产生硬度的阳离子(如铁、锰、锶、钡等)浓度较大时,才把它们也包括进去。工业上,水的硬度可以有多种表示法,较普通的是采用德国度,它规定为 1 度相当于 1 升水中含有氧化钙 10 毫克。一般把硬度低于 8 度的水称为软水,高于 8 度的水称为硬水。

工业上,硬水之所以不受人欢迎,是因为它在锅炉内容易结成令人厌恶的水垢。

水垢不善于传热,其热导率只有钢板的五十分之一。有了水垢,锅炉

布满水垢的水壶

的传热效率降低,无形之中增加了能量损耗。值得警惕的是,水垢还是制造锅炉爆炸事故的罪魁祸首。这是由于水垢传热不好,要想把水加热到要求的高温,就必须将锅炉烧得通红。一旦水垢膨裂,水则乘虚而入通过缝隙与红热的金属接触,于是发生反应,生成氢气。生成的氢气在上冒过程中拨松了水垢,从而为更多的水渗入开了方便之门,这又进一步加剧了反应,如此恶性循环的结果,使氢气不断积累,酿成破坏性极大的爆炸事故。

鉴于硬水的危害性,在日常用水和工业用水中常常需要设法除去硬水中所含的金属离子,这个过程叫作软化。

最简便的软化法是将水煮沸。在煮沸过程中,碳酸氢盐转变为碳酸盐沉淀,从而除去水中的钙、镁离子。不过,这种做法是不彻底的,它只能除去碳酸氢钙和碳酸氢镁中的钙镁离子。而无法除去由其他盐类引起的硬度。

如果硬水中的钙、镁主要以硫酸盐、氯化物、硝酸盐的形式存在,当水煮沸时,这些盐不会沉淀,无法除去,这种硬水称为永久硬水。软化永久硬水,最早采用的方法是石灰–纯碱法,向水中同时加入两种化学药品——消石灰和纯碱,纯碱提供的碳酸根离子,与硬水中的钙离子和镁离子结合,生成碳酸镁和碳酸钙沉淀,从水中析出。加消石灰的作用是为了清除水中碳酸氢根离子。此外,磷酸钠和硼砂也常常被选用来作水的软化剂。

离子交换法提供了又一种有效的、十分重要的硬水软化法。所谓离子交换剂,是一种带有可交换离子能力的高分子化合物。自然界存在的泡沸石是最早被采用的一种离子交换剂。现在,这类天然离子交换剂已逐渐为交换能力更强的优质合成树脂离子交换剂所取代。使用离子交换法能够得到较高纯度的水,这种水也叫去离子水。

除垢技术方面,最近又有了新的发展,磁化水开始加入除垢行列。

说来令人奇怪,普普通通的水以一定的速度通过一定强度的磁场,水通过切割磁力线则发生奇异的变化,产生了一些普通水所没有的独特性格,这种水称为磁化水。

磁化水是除垢的能手。它进入容器后,一部分先与水垢表面以及水垢间的裂缝部分接触。众所周知,水分子是一个极性分子,在外界磁场的驱使下,它会像小磁针那样发生转动。转动着的水分子宛如装备在滚轴上的一把把转刀,在与水垢晶体发生碰撞过程中,使一些长柱状的晶体破碎或削钝。棱角逐步变成粒状体,从而减弱了晶体间的结合力。经过频繁碰撞,水垢裂缝不断延长和扩大,最后剥落下来。

磁化水应用是一项新技术,不仅在除水垢上开始大显身手,而且在灌溉作物方面也开始崭露头角。用磁化水灌溉作物,可以发挥它溶解性能强的专长,把土壤里不溶性矿物元素转变成作物能够吸收的无机盐,提高土壤的肥力,增加作物营养。而且,它还能助长微生物,尤其是固氮菌的生长,增强作物的抗病抗逆能力,从而提高了质量和产量。一般地说,用磁化水灌溉,可以使粮食作物增产 10%,蔬菜、水果增产 15% 左右。所以,磁化水在农业上的应用有着广阔的前景。

知识加油站

水资源

水资源的分布:地球表面约 71% 被水覆盖着,水的总储量约为 14 亿立方千米。包括:地表水、地下水、大气水和生物水。

水资源的现状:水的总储量很大;但是淡水资源少,仅占总水储量的 2.53% 左右。

防止水资源污染的方法:工业废水处理达标后排放;农业上合理施用农药、化肥;生活污水处理后集中排放;加强水质监测;禁止使用含磷洗衣粉等。

5.9　如何保证饮水质量

在水王国里,与人类关系最密切的莫过于饮用水了。饮用水质量的好坏,直接关系着人体的健康。清洁卫生的饮用水,可以保证满足人体生理上对水分的需要,维持人体正常的生理功能,促进身心健康。但是,不卫生的饮用水会给人带来疾病和痛苦。大量的研究事实告诫我们:几乎所有的肠道传染病都可以通过饮用水扩散传播。因此,保证饮用水质量,是保障人民身体健康的一个非常重要方面。

自然界的水并不是纯净的,含有许多杂质,例如盐类、气体等溶解物质,硅胶、腐殖质胶体等胶体物质,细菌、藻类等悬浮物质,这些物质的存在直接影响着水的性状和质量。关于水质的优劣,人们往往从下述几个方面来加以评价:水的感官和物理性状良好;不含有虫类、微生物和寄生虫卵;含有人体需要的矿物元素,不含有害的化学物质。

所谓感官状况,是指通过人的感觉器官如眼、鼻、舌等直接感觉出来的水的浑浊度、色度、嗅、味等水质特性。

归根到底,水的浑浊度是由泥土、砂粒、微细的有机物和无机物、浮游生物和其他悬浮物所造成的。污泥浊水不仅外观上给人厌恶的感觉,而且其中含有大量的致病微生物和寄生虫卵,不符合卫生要求,是极不安全的。

浑浊的水

清洁的天然水应该是无色的。水层较深时,常呈浅蓝色,如果水中含有较多钙、镁离子还可以把水色加深呈现出深蓝色。这都属正常水色。

但是,当天然水中混入较多其他杂质以后,水色变得五花八门,需要特别警惕。比如,受铁离子和锰离子污染的水呈黄褐色;受腐殖质污染的水呈棕黄色；过盛繁殖的藻类将水染成黄绿色；硫化氢进入水体后，由于氧化作用析出微细的胶体硫使水变成翠绿色。所以，根据水色变化，就能大体判断杂质的存在。

舌头是人类特别敏感的味觉器官。人们能明显地感觉出的味觉，主要是酸、甜、苦、咸、涩五味。清洁的天然水是无味的，如果天然水产生味道，说明其中溶有较多致味物质。含较多氯化物（氯化钠、氯化钾）的水有咸味，含较多硫酸盐（石膏、芒硝、泻盐）的水可产生苦味，苦味有时还可能来自铜离子，那表明水中铜离子的量已超过 1.0 毫克／升。

天然水源受到污染后还可能发出臭味。比如，受到粪便或其他腐败性有机物污染时，产生粪便的臭味，在其中作怪的是硫化氢、氨气、吲哚类的致臭物质。在水流缓慢的坑塘水里，一些藻类过度繁荣也可能给水带来臭味。钟罩藻长势繁茂会带来鱼腥味，合尾藻增生带来的是黄瓜气味。

饮用水质量直接关系着人民身体健康，而且水质的评定是一项细致的工作，光靠人的感官评定是很不够的，还需要进一步通过化学和生物学等多方面的鉴定，为此有关部门规定了饮用水水质标准。

在日常生活中，我们习惯饮用的水源，大体上分为两类：地表水和地下水。地表水是暴露在地表的天然水源，如江河、湖泊、池塘、水库等。

井水是取自浅层的地下水，它经过岩层和沙砾过滤，水质清洁、透明，细菌含量少，是一种较合卫生要求的饮用水源。同时，用作饮用水的天然水还必须经历一番净化和消毒过程，澄清、过滤、消毒便是经常采用的净化方法。

澄清净化的最简单方法，是让水中悬浮物自行沉降。然而，单靠自然沉降是不彻底的。为了除去水中极微小的悬浮物，需要加入特殊的絮凝剂。

明矾是一种最常用的絮凝剂，它是由硫酸钾和硫酸铝混合组成的复盐。将明矾捣碎投入水里，硫酸铝钾发生电离，生成的氢氧化铝是一种

明矾

胶体微粒,能使悬浮的细小淤泥凝聚成大颗粒沉降水底。这样,水就变得清澈可鉴。

什么是胶体呢?比如,把食盐放入水中,组成食盐的小微粒(钠离子和氯离子)均匀地分散到水分子中间,我们把食盐和水的混合物叫作分散系。凡是一种物质(或几种物质)的微粒分布于另一种物质里形成的混合物都叫作分散系。其中分散成微粒的物质叫作分散质,微粒分布在其中的物质叫作分散剂。对于食盐水来说,食盐是分散质,水是分散剂。由于食盐水中分散质微粒的直径小于 10^{-9} 米,所以食盐水不是胶体。只有分散质微粒的直径在 $10^{-9} \sim 10^{-7}$ 米之间的分散系,才叫作胶体。

明白了什么是胶体,我们再分析明矾净水的道理。因为胶体微粒具有较大的表面积,能够吸附阳离子或阴离子,所以带有正电荷或负电荷。铝离子水解生成的氢氧化铝在水中以无数个胶体微粒出现,它的表面积大大增加,这个增加量是令人惊奇的。举一个例子来说,边长 1 厘米的立方体,它的表面积是 6 平方厘米,当把它分散成边长 10^{-8} 米的胶体微粒时,它的表面积即成为 600 平方米,比原来增加了100 万倍。由于氢氧化铝有很大的表面积,所以具有较强的吸附能力。不同的胶体微粒吸附带不同电荷的离子,带正电荷的胶体吸附带负电荷的离子,带负电荷的胶体吸附带正电荷的离子。氢氧化铝胶粒通常带正电荷,泥沙等杂质的颗粒一般都带负电荷,所以,它们就互相吸引抱成絮团,一同沉入水底。这时人们就可以得到比较清洁的用水了。

知识加油站

木炭和活性炭的吸附作用

气体或溶液里的物质被吸附到固体表面的作用叫吸附作用,它属于物理变化。木炭和活性炭都有吸附性,因为它们都具有疏松多孔的结构而形成很大的表面积,表面积愈大,吸附能力愈强。活性炭是木炭经过水蒸气高温处理而得到的,它具有更大的表面积,因此,活性炭的吸附能力比木炭更强。

5.10　屋里生火防中毒

在碳的氧化物中,有一种无色、无臭、比空气轻的气体,它往往会使人不知不觉地中毒。这种气体就是一氧化碳。通常人们所说的"煤气中毒",就是一氧化碳中毒。

一氧化碳为什么会使人中毒呢? 这要从人的呼吸作用谈起。人的生命活动是离不开氧气的, 而呼吸作用的主要器官是肺。人的肺里约有 7.5 亿个肺泡,如果把这些肺泡的表面积全部展开来,大约有 130 平方米。在这样广阔的面积上,紧密交织着无数毛细血管。人吸气的时候,肺随着扩张,外界空气就经过呼吸道进入肺里,通过肺泡交给血液, 跟血液中的血红蛋白结合成氧合血红蛋白。当血液流经机体组织时, 一部分氧合血红蛋白解离成血红蛋白和氧气。离解出来的氧气从血液弥散进入组织细胞,血红蛋白则和从全身各个细胞带来的二氧化碳结合成氨基甲酸血红蛋白,随血液再流回肺部。随着肺的回缩,二氧化碳经呼吸道呼出体外。

空气里含少量的一氧化碳,一氧化碳含量在 50×10^{-6}（即 1000000 体积空气中有 50 体积一氧化碳）以下的空气, 被认为是安全的。人在一氧化碳含量达 1000×10^{-6} 的空气中, 就会感到头痛恶心;而当空气中一氧化碳含量达 10000×10^{-6} 时, 即使呆 10 分钟也会中毒死亡。因为一氧化碳跟血红蛋白的结合力, 要比氧强几百倍, 它可以把氧气从氧合血红蛋白中赶出来, 它自己和血红蛋白结合成羰基血红蛋白。这样, 血红蛋白就失去结合氧气及输送氧气的能力,人怎能不中毒呢?

冬季, 天气寒冷, 人们常常在屋里生火取暖。炉火烧得不旺时, 容易产生一氧化碳, 因此, 要特别注意预防一氧化碳中毒。屋子里不要放没有烟囱的炉子, 窗户不要关得太严。如果有人不慎一氧化碳中毒, 应该立即把患者抬到空气新鲜、暖和的地方, 松开衣服。如果病人还清醒, 给他喝点热茶;如果

使用煤炉当心一氧化碳中毒

病人呼吸困难,或者已昏迷不醒,要一面进行人工呼吸,一面请医生前来抢救。

事物总是有两面性的。一氧化碳对人固然有很多危害,但是也有对人体健康有益的一面。研究结果显示,少量的一氧化碳具有消炎、扩充血管、改善器官供血机能、阻止血栓形成等作用。此外,一氧化碳中所含的有益物质还用来辅助治疗高血压患者、心脏手术或器官移植手术后的患者。基于这一原理,科学家研制了一种安全利用一氧化碳的巧妙方法。他们将一氧化碳制成片剂或注射液,这种制成品进入人体后会释放出少量一氧化碳,并很快溶入血液中,使用起来既方便又安全。

知识加油站

跟一氧化碳有关的化学方程式

$Fe_3O_4 + 4CO \xrightarrow{} 3Fe + 4CO_2$ 现象:固体由黑色变成银白色,同时有能使纯净石灰水变浑浊的气体生成

$FeO + CO \xrightarrow{高温} Fe + CO_2$ 现象:固体由黑色逐渐变成银白色,同时有能使纯净石灰水变浑浊的气体生成

$Fe_2O_3 + 3CO \xrightarrow{高温} 2Fe + 3CO_2$ 现象:固体由红色逐渐变成银白色,同时有能使纯净石灰水变浑浊的气体生成

$CuO + CO \xrightarrow{高温} Cu + CO_2$ 现象:固体由黑色变成红色,同时有能使纯净石灰水变浑浊的气体生成

一氧化碳的检验方法

CO 的检验方法有:

(1)点燃待检气体,若火焰呈蓝色,则先用干燥小烧杯罩在火焰上方,无水珠,再用内壁涂有澄清石灰水的小烧杯罩在火焰上方,若出现白色浑浊物,则气体为 CO;

(2)将待检气体通过灼热的 CuO,若出现红色的物质,且产生的气体不能使无水 $CuSO_4$ 变色而能使澄清石灰水变浑浊,则气体为 CO。

5.11   触目惊心的有机物污染

经过近 3 年谈判,2001 年 5 月 22 日,世界上 127 个国家环境部长或高级官员聚会瑞典斯德哥尔摩。在这里举行的联合国环境会议通过了《关于持久性有机污染物的斯德哥尔摩公约》,从而正式启动了人类向全球环境污染大患——有机污染物宣战的进程。

有机污染物,这个相对陌生的词语到底意味着什么? 与我们有什么关系?

有机污染物是指以碳水化合物、蛋白质、氨基酸以及脂肪等形式存在的天然有机物质及某些其他可生物降解的人工合成有机物质组成的污染物。这类物质一般具有阈值,即在一定浓度限度以上均具有毒性,因为它含有一些具有危害性的功能基团,会抑制或破坏生命组织的功能。此外,还有一些有毒有机物在低浓度范围内也会对人体和生物产生严重影响。

有机污染主要来自工业污染、农业污染和生活污染等几个方面。

随着我国工业的蓬勃发展,各种规模、各种技术水平的工业企业遍布城乡,随之而来的是产生废水、废气、废渣等污染物。同时,企业生产过程中的跑、冒、滴、漏也将生产中的有毒有害物质直接释放到环境中,特别是一些小化工厂,其生产过程和产物都会对环境产生毒害作用,也成为最大的工业有机污染源。交通运输污染源已成为工业污染相关的重要内容。汽车、飞机、船舶等造成的污染在许多地区已成为有机物污染的重要方面。一是汽油、柴油燃烧不完全所引起的有机污染(特别是尾气);二是运送有毒有害物质的泄漏和清洗船体及污水所引起的有机污染。汽车尾气成分包括一氧化碳、氮氧化物、烟气和碳氢化合物,此外还有少许二氧化硫、醛类、苯并芘等有害气体。

农业生产中，同样存在着多种形式的有毒化学物质污染。现阶段农业污染主要包括种植污染（如农药化肥）、养殖污染（如牲畜粪便）和有机废物污染（如农作物秸秆）。农产品中有毒化学物质的污染也越来越引起人们的高度重视。蔬菜、水果、茶叶等农产品农药残留严重超标，严重影响了我国的食品安全和农产品出口。广东省调查研究发现，近几年来白血病患者增加，特别是儿童发病率急剧上升，其重要原因之一就是与食用被化学农药等有毒化学物质污染的蔬菜等食品有关。蔬菜、果品等食品上有毒化学物质残留对人体健康已构成了巨大的潜在威胁。

　　生活污染源包括燃煤废气污染、废水和生活垃圾所造成的污染，不仅是城市居民，广大农村居民区也会被污染。

　　可见，有毒化学物质正在污染着我们的环境、威胁着我们的生活，这些化合物进入土壤、水环境、积累在动植物组织内，改变、破坏、影响着人类生活，甚至影响着生物遗传物质。因此，许多国家已把有毒化学物质污染列为环境污染的重要方面。

知识加油站

常用的净水方法

1.静置沉淀：让水静置，使其自然沉降，这是最简单、最基本的净水措施。但是这个方法只能使水中较大的固体颗粒沉降下来。

2.吸附沉淀：利用明矾溶于水后生成的胶状物对杂质的吸附，使杂质沉降下来；或者使用具有吸附作用的固体过滤液体，可以滤去液体中的不溶性物质，还可以吸附一些溶解的杂质。

3.过滤：使用过滤装置，把不溶于液体的固体物质跟液体分离的一种方法。

4.蒸馏：是给液体加热，使它变为蒸汽，再使蒸汽冷却，凝成液体的方法。

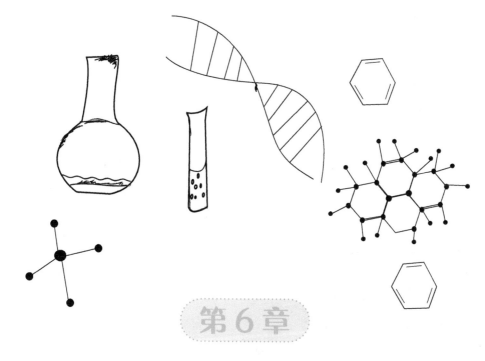

第 6 章

离不开的化学伙伴

人类和化学关系非常密切,化学是人类离不开的"好伙伴"。客观地讲,正是由于化学元素之间互相作用,产生变化,生成千千万万种化合物、混合物,才形成了丰富多彩的物质世界,孕育了生命,孕育了人类。就是这一百来种"化学元素"构成的物质世界,支撑着人类所有的活动。如煤和石油为农业生产提供了充足的原料,焰火和霓虹灯把我们的世界装点得五彩缤纷。

6.1 浑身是宝的"黑色金子"

我国是世界上最早用煤作为燃料的国家。远在 3000 年以前,我国已经开始采煤,用这种黑色的石头来取暖、烧饭。

列宁曾把煤比作"工业的粮食",如今,哪个工厂没有高高的烟囱?烟囱一冒烟,就是表明工厂在"吃"煤了。有些火力发电厂,一天要"吃"掉几十吨以至上百吨煤。有的火车和轮船,也是把煤作为"粮食"。现在,煤是世界上最重要的能源之一。

工业的"粮食"——煤

煤是从哪儿来的呢?那是很早很早以前的事儿啦!那时,地球上还没有人类,到处长满巨大的树木。因为地壳经常变动,有时,就把这些大树整个儿埋到地下去,或者完全被水浸润,同空气隔绝;或者得不到氧气的充分供应,缺乏喜氧微生物的生活条件。这时植物遗体的分解作用就将逐步减弱,不会很快烂个精光,而是慢慢地形成植物堆积层。

现在该轮到厌氧微生物来发挥作用了。在它们的积极参与下发生了一系列的生物化学反应,得到了许多新的产物,其中最主要的是腐殖酸,另外还有沥青质等等,最后植物遗体就变成为一种黑褐色的淤泥状物质——泥炭。

泥炭形成以后,如果由于地壳的运动,使形成泥炭的地带逐渐下降,沼泽地形消失,水流带来越来越多的黏土和泥沙沉积覆盖到泥炭之上,这样泥炭就将被慢慢地埋藏到越来越深的地下。在这里,微生物的作用减少甚至没有了,日益增大的温度和压力发挥了作用。在温度和压力的作用下,泥炭终于变成了煤。如今,人们在煤中,还常可以看到一条条树木的纹理,甚至在煤层中发现许多古代植物的孢子。

煤的化学成分是碳，普通的煤含碳在 60% 以上。煤燃烧时，煤和氧气化合变成了二氧化碳，同时放出大量的热。

1 千克无烟煤燃烧之后，平均可以放出 8000 大卡的热量。这样多的热量，足以把 8 吨水的温度升高 1℃，或者把 80 千克的冷水加热到沸腾。可是，煤浑身是宝，光是作为燃料使用，实在有点可惜。现在，煤已成了重要的化工原料。

在工厂里，人们把煤进行了一道又一道的加工——通常被叫作"煤的综合利用"。

煤被人们送进炉子，隔绝空气，加热到 1000℃ 左右，这时煤分解了，变成三种东西：气体——煤气，液体（当时也是气体，经冷却后变成液体）——煤焦油，固体——焦炭。这个步骤，叫作干馏。

煤气，可以用来点灯、烧饭、开动机器，是一种气体燃料。使用煤气，既方便，又干净。在工业上，煤气可用作合成氨或合成一些有机化工产品的原料。

那煤焦油，乍看上去，又黑又黏又臭，似乎什么用途都没有。在 100 多年前，人们把它当作废物，成吨成吨地倒掉。倒掉，这本来是最省事的事儿。可是，煤焦油竟然连倒都没地方倒：倒在田野上，庄稼枯萎了；倒到河里，鱼儿被毒死。

19 世纪中叶，随着化学工业的迅速发展，人们经过多年的研究，终于发现煤焦油原来是个"聚宝盆"，里头的宝贝可不少哩！人们从煤焦油中提炼出近百种有机化工原料，其中大名鼎鼎的是"苯"，它是非常重要的有机化工原料。此外，还有甲苯、二甲苯、萘、蒽、酚、菲、吡啶、喹啉等。用这些基本有机化工原料，可以制造许许多多有用的东西。比如，染衣服的染料、治病救人的药剂、琳琅满目的塑料制品、移山填海的炸药、香气扑鼻的香料、富有弹性的橡胶、耐穿美观的合成纤维等等。于是，煤焦油一下子从废物跃为宝贝，顿时身价百倍。

至于焦炭，它是钢铁工业的重要原料。焦炭很硬，而且多孔，在炼铁时既不怕压，又能很好地保持通风。现在，大部分高炉（即炼铁炉）都是用焦炭炼铁。另外，焦炭还被用来冶炼有色金属、烧石灰、制造电石和化肥等。

据统计，从 1000 万吨煤中，可以提取 32 亿立方米煤气，770 万吨焦炭，10 万吨粗苯，4000 吨粗酚，550 吨粗吡啶，18000 吨萘，7 万吨防腐油和 18 万吨沥青。煤不愧为"黑色的金子"。不,它比金子更有用。

知识加油站

跟碳有关的化学方程式:

$C+O_2 \xrightarrow{\text{点燃}} CO_2$(氧气充足的情况下)现象:生成能让纯净的石灰水变浑浊的气体

$2C+O_2 \xrightarrow{\text{点燃}} 2CO$(氧气不充足的情况下)现象:不明显

$C+2CuO \xrightarrow{\text{点燃}} 2Cu+CO_2\uparrow$ 现象:固体由黑色变成红色并减少,同时有能使纯净石灰水变浑浊的气体生成

$3C+2Fe_2O_3 \xrightarrow{\text{高温}} 4Fe+3CO_2\uparrow$ 现象:固体由红色逐渐变成银白色,同时黑色的固体减少,有能使纯净的石灰水变浑浊的气体生成

$CO_2+C \xrightarrow{\text{高温}} 2CO$ 现象:黑色固体逐渐减少

$3C+2H_2O \xrightarrow{} CH_4+2CO$ 现象:生成的混合气体叫水煤气,都是可以燃烧的气体

6.2　举足轻重的"工业血液"

现在,生活在工业社会中的人们几乎一天也离不开石油,从外出交通工具的燃料、做饭用的液化气、住房内的装饰材料、穿的化纤衣料,到纽扣、圆珠笔等小物品,几乎都是石油或以石油为原料的产品。

那么,你知道石油来自哪里吗?

石油隐藏在地下,从几十米、几百米,直到几千米的深处。人们在石油隐居的石室的顶上,穿过坚硬的岩石,打通一口口千百米深的笔直的油井。有些油井下的石油依靠地下气体的压力会喷泉一样地自动喷射出来。有些因为地下压力不足石油不能自喷,人们就要设法把空气或水压下去,帮助它上升,或者用其他办法把它汲取上来。

从油井喷出来的石油,由于成分的不同,有的清澈如水,有的黏滞似油,呈黄色、褐色或黑色,叫作原油。原油可以直接作为燃料,但是这样使用会造成严重的浪费。因为石油含有很多种不同的成分,各有重要的用法。因此一般不直接使用原油,而先把它送到炼油厂里加工精炼。第一步要使不同沸点的

开采石油

成分互相分开。用油泵把原油压到一种管形炉的钢管中,加热到 400℃左右。于是有些成分变成了气体,有些还是液体,这种气体和液体的混合物流到一种叫作分馏塔的特殊结构中。塔内分成若干层,在这里混合物中的轻而清的成分上升,重而浊的成分下降。

最上面的是各种小分子的烃,它的分子所含的碳原子数一般为 5~11。冷却成液体就是汽油,还有部分溶剂油。其下的一部分烃混合物,分子中含有的碳原子数 11~17,这就是煤油。再下层的一部分烃混合物,碳原子数更多,叫作柴油。最下层是黏稠的黑色液体——重油。把重油继续分解,可以得到很多种润滑油和固

体的石蜡。残留下来的物质叫作残油,经过加工后变成石油沥青。

在这些产物中最重要的要算汽油了。可是用上述分馏法从石油中提炼出来的汽油只占 15%~20%,远远不能满足人类对汽油的巨大需要。化学家想,既然汽油是由小分子低沸点的烃组成的,如果能使石油中含有的大分子的烃分裂成小分子的话,不就可以大大增加汽油的产量吗? 根据这一原理,他们发明了一个方法,叫作热裂化法。就是在隔离空气的条件下把大分子烃加高热,于是,它们逐步裂成碳原子数在 5~11 间的各种小分子烃——汽油的成分。这样从石油中取得的汽油可以达到 45%。如果应用一种适当的催化剂——一种催使其他物质迅速发生化学变化的物质的话,还可以在较低的温度和压力下使煤油和柴油变成汽油。

把分馏出来的石油产物进一步精制,可以得到很多有价值的制品。由于近年来化学工业和石油工业的长足发展,石油制成的产品越来越多,目前已有 2000 多个品种,例如,汽油就有四五十种,煤油有十多种,石蜡油有一百多种,而润滑油更多至 1000 多种……它们是现代工业的重要动力来源。它们燃烧时放出的能量推动了许多机器运转,使汽车、火车(柴油机火车)在陆上奔驰,使飞机、喷气机在天空翱翔。它们还提供了一切机械——从涡轮机之巨到钟表机械之微——所必需的各种各样的润滑油。有人计算出,在工业发达的国家里,工业和交通运输业的动力的半数左右,润滑油的 90% 都是来自石油。所以,人们把石油说成是工业的血液。

知识加油站

石油

石油是由古代动植物遗体在地壳中经过非常复杂的变化而形成的,是一种复杂的混合物。石油有特殊的气味,不溶于水,密度比水稍小,没有固定的熔点和沸点。

石油主要含有碳和氢两种元素,同时还含有少量的硫、氧、氮等元素。石油经过蒸馏,可得到溶剂油、汽油、煤油、柴油、润滑油、石蜡、沥青。石油不仅可以蒸馏(物理变化)得到不同沸点的成分,而且可以经过石油化工(化学变化)得到多种产品。

6.3　试验"事故"的大收获

　　大约在五百多年前,墨西哥的原始大森林里居住着许多印第安人,他们发现了一种很高的大树。这种树虽然高大无比,但却多愁善感,只要碰破一点树皮,就会流出像牛奶似的泪水。这"泪水"黏糊糊的,能形成薄膜,不漏水、不透气、有弹性,它就是我们现在说的胶乳。会流泪的树就是橡胶树,"橡胶"一词就是印第安语"木头流泪"的意思。

　　后来,勤劳聪明的印第安人,利用乳胶做成雨鞋和盛水工具。他们先把自己的脚用树叶包住,再把搜集在一起的乳胶浇在脚上,一段时间后形成了胶膜,树叶枯萎了,脱下来就做成了一双适合自己脚形的雨鞋。同样,先用泥做一个泥水壶,再在泥壶上抹几遍胶乳,最后将泥壶打碎,倒出土块,就做成了橡胶水壶,这就是最早的橡胶制品。哥

生胶块

伦布第二次航海行驶到拉丁美洲的海地,亲眼看到当地人穿戴和使用这种橡胶制品。他们还将胶乳凝结后做成球来玩儿,这球落到地面后,竟然会弹跳到和原来相差无几的高度。

　　但是,用树汁晒干成的橡胶,叫作生胶。它生性娇气,稍一受热,就变得像面团似的,又黏又软。天气一冷,它又变得像玻璃一样又硬又脆,这就使橡胶的使用受到很大限制。该怎么办呢?

　　1839 年的一天,一个叫古德伊尔的美国化学家在一次试验的偶然"事故"中,发现了一个异常的变化,这导致了橡胶史上具有划时代意义的发现。在此之前,古德伊尔为改进生橡胶的性能,花费了十多年的时间,但都未取得成功。但在他有一次研究保存橡胶的方法时,不小心把乳胶和硫黄的混合物泼洒在了热火炉上。这

一次偶然性的事故却给他带来了成功。他把泼洒在热火炉上的乳胶和硫的混合物刮下来,冷却后,发现这种东西再也没有了黏性,而且变得更加坚韧、更富弹性。后来他和其他化学家进一步实验,发现这种橡胶在低温时也不变硬、开裂,而且强度也大大增加。这一发现,顿时为橡胶的真正实用打开了大门。

把生橡胶和硫黄共同加热,使它的性质发生变化,这种方法叫"橡胶硫化法"。经硫化处理后的生橡胶,叫硫化橡胶。硫化,至今仍是橡胶工业中一道重要工序。这是一个复杂的物理 – 化学过程,在这个过程中,生橡胶的性能会发生显著变化。随着硫化时加入的配合剂和量的不同,可使处理后的橡胶具有不同的力学性能,如弹性、耐热性、抗低温性以及其他优异的性能。

那么硫化为什么会使橡胶的性能有如此大的改变呢?这得归功于化学之"手"的创造。

硫化后的橡胶与硫化前的橡胶相比有本质上的区别,橡胶的化学结构发生了变化。原来橡胶也是碳链结构的高分子化合物,生橡胶是由许多蜷曲的线性高分子组成,每一个线性分子由大约5000个被称为异戊二烯的小分子相互结合而成。

这些长链分子相互盘绕在一起,就像一团乱毛线,当外界用力拉或压时,这样相互绕曲着的线性分子就会被伸长或压缩;当外力取消时,它们就会恢复到原来的松弛状态。这就使生橡胶具备了一定的弹性。当橡胶在高温下硫化时,硫原子会深入到线性的高分子之间,将这些线性分子在许多地方连接起来成为网状结构。在这个过程中,硫原子起了"架桥"的作用,使原先一根一根只是相互盘绕在一起的线性分子相互有了连接的"桥",橡胶分子变成了网状结构。这样的结构,使硫化橡胶具有受热不发软变黏,遇冷不开裂变硬,弹性、耐磨性都大大增加的优良性质。化学家们亲切地称硫化橡胶中的硫原子为"硫桥"。硫桥大大增加了天然橡胶的强度和化学稳定性,使一些原能溶解生橡胶的化学溶剂对它不再起作用了。

后来,化学家们还研制出了更多更好的硫化剂,硫化的工艺水平也更加提高,硫化处理后的橡胶性能也更加优良,广泛地使用在军事和国民经济以及人民生活的各个领域。

知识加油站

合成橡胶

天然橡胶的组成成分是异戊二烯。由于异戊二烯的原料来源受到限制，而丁二烯来源丰富，因此，化学家以丁二烯为原料，开发了一系列合成橡胶。其中，丁苯橡胶由丁二烯和苯乙烯合成，是应用最广、产量最多的合成橡胶，其性能与天然橡胶接近，而耐热、耐磨、耐老化性能优于天然橡胶，可用来制作轮胎、皮带，或作为密封材料和电绝缘材料，但它不耐油和有机溶剂。丁二烯与丙烯腈共聚可制得丁腈橡胶。由于分子中引入了极性基团 CN，这种橡胶的最大优点是耐油，其拉伸强度比丁苯橡胶要高，但电绝缘性和耐寒性差，且塑性低、加工困难，主要用作耐油制品，如机械上的垫圈以及飞机和汽车上需要耐油的零件等。硅橡胶是一种特殊橡胶，既耐低温又耐高温，能在 $-65 \sim 250 ℃$ 保持弹性，且耐油、防水、电绝缘性能也好。因此，它可作为高温、高压设备的衬垫，油管衬里，密封件和各种高温电线、电缆的绝缘层等。由于硅橡胶无毒、无味、柔软、光滑，且生理惰性及血液相溶性均优良，可用作医用高分子材料，如人工器官、人工关节、整形修复材料、药液载物等。

6.4　五彩缤纷的玻璃世界

　　玻璃是我们经常遇到的材料，像各种建筑的玻璃窗、灯罩、灯泡、玻璃板，科研工作中使用的各种玻璃仪器，生活中使用的玻璃瓶、杯子等。

玻璃制品

　　玻璃的出现与使用在人类的生活中已有四千多年的历史，玻璃最早是由谁发明的，是怎样发明的，暂无定论，却有一个传说流传至今。相传在 3000 多年以前，地中海东岸有一个古国的一艘满载着天然苏打晶体的大商船，不幸在航行途中搁浅，船员们便在附近的沙洲上支锅烧饭，找不到石头，便从船上拿下几块苏打晶体支锅。可是，待他们烧完饭后要把锅带走时，却惊奇地发现锅下苏打与砂上接触的地方出现了许多透明光滑、晶莹发亮的珠子。原来，这个沙洲上遍地都是石英砂，烧饭时天然苏打和石英砂在高温下发生化学反应，结果形成了光洁透明的玻璃珠子。聪明的腓尼基人发现了这一秘密后，便在特制的炉子里放进石英砂和苏打，经过加热炼出玻璃液，并制成玻璃珠子，当作珍宝去换黄金。尔后，这种制造玻璃的方法传到了埃及和其他国家，玻璃生产便发展起来。

　　伴随技术的进步，玻璃家族也在不断地繁衍扩大，逐步形成了一个五光十色、异彩斑斓的"玻璃世界"。随着化学科学的建立，玻璃特性终于被人们认清，从而各种各样的人造玻璃不断涌现，也使今天的世界更加透亮，更加五彩缤纷。

　　人工制造的玻璃，其主要成分是硅酸钠、硅酸钙和二氧化硅。玻璃是用石灰石、纯碱和二氧化硅按一定比例混合后，放在大型坩埚中加热熔炼而成的。从结构上看，玻璃不是以结晶形态存在的（与金属和陶瓷不同），它是一种冷却后凝固成固态的液体,因此,它不像金属或合金及各种晶体那样有固定的熔点。把它加热后.它便逐渐软化,直至熔融。所以,加工玻璃都是在软化或熔融状态下,用吹或压的方式将它制成各种形状,待玻璃冷却后便固定成形了。

一般的玻璃是无色透明的。虽然它透光性好,但人们还是认为它单调,总希望玻璃世界是五彩的,于是各种各样的彩色玻璃应运而生,使建筑物得以配上五彩缤纷的玻璃窗,增加了观赏的魅力,也使生活中各种玻璃制品色彩缤纷、光艳照人,美化了人们的生活。

那么颜色鲜艳的五彩玻璃是怎么制成的呢? 这其中有什么化学奥妙呢? 原来它们的主要原料和制造过程与普通无色玻璃是一样的,只是在生产普通玻璃的过程中加了不同的化学着色剂。如加入氧化亚钴,可得到蓝色玻璃;加入氧化亚铜或氧化铁,可得到红色玻璃;加入二氧化锰,则可制得紫色玻璃;而加入氧化亚铁或三氧化二铬,就可得到绿色玻璃;加入萤石(氟化钠),就可制得乳白色玻璃等。

各种化学着色剂,使原来单调的无色玻璃扩大了品种,形成了一个五颜六色的玻璃世界。而各种以玻璃为原料的制品,如灯具、餐具、艺术品等也应运而生。由于它们披上了美丽耀眼的五彩外衣,因此更令人喜爱。

你或许要问,那茶色玻璃是怎么回事? 的确,茶色玻璃现在几乎到处可见,商店的门窗,小轿车的车窗,还有一些玻璃板,甚至夏天流行的“太阳镜”等很多都是茶色的。用茶色玻璃装修的建筑美观大方,给人以文静秀气的感觉。夏季走进茶色玻璃装饰的门厅,会使人感到宜人的清新凉爽。因此茶色玻璃受到人们的喜爱。原来,茶色玻璃中含有微量的铁、钴、硒等元素的氧化物,它们能够使茶色玻璃吸收阳光中一部分的红外线。用茶色玻璃装饰建筑物,外表美观,内部光线柔和,又有防眩隔热的作用,因此,它成为一种“时髦”玻璃。

另外,利用加热喷涂、化学镀膜、真空蒸发等方法将铝、铜、镍、铬等金属或金属氧化物涂在平板玻璃表面上,形成热反射层,可把太阳光的热辐射遮挡掉 30%,比一般的茶色玻璃具有更好的隔热效果。这种玻璃的表面看上去像一面镜子,室内的人可以清楚地看到室外,而室外却不能看到室内,真是一种神奇之物。

知识加油站

化学实验用到的玻璃器皿

玻璃是非晶无机非金属材料,一般是用多种无机矿物(如石英砂、硼砂、硼酸、重晶石、碳酸钡、石灰石、长石、纯碱等)为主要原料,另外加入少量辅助原料制成的。它的主要成分为二氧化硅和其他氧化物。

化学实验中常用的玻璃器皿分为以下几类。

①烧器　是可用于加热化学物质的玻璃仪器,用料一般比较严格,应采用硬质95料或GG-17高硅硼玻璃,特点是薄而均匀,其耐骤冷骤热性好。烧器一般指烧杯、锥形(三角)烧瓶、三口(单口、二口、四口)圆底烧瓶、平底烧瓶、试管、冷凝器(球形、蛇形、直形、空气等)、蒸馏头、分馏头、分馏柱、精馏柱。

②量器　是刻有较精密刻度、用来容量度量的玻璃制品,用料可以采用75料,其质量评价标准是计量准确度和计量精度。量器一般指桶、量杯、滴定管(酸、碱)、移液管(或刻度吸管)、容量瓶、温度计、比重计、糖量计、温度计等。

③容器　是用于盛放化学物质的玻璃制品,一般其用料较厚,严格地讲,它的选料也应以软质钠碱化学玻璃料为主,但目前大多制造厂甚至选用普通玻璃,其特点是器壁较厚。容器一般指各种细口瓶、广口瓶、下口瓶、滴瓶以及各种玻璃槽。

另外,尚有各种漏斗(球形、梨形、滴液、三角等)、培养皿、干燥器、干燥塔、干燥管、洗气瓶、称量瓶(盒)、研体、玻璃管、砂芯滤器等。

还有少量诸如比色器、比色管、放大镜头、显微镜头等光学玻璃和石英玻璃仪器。

6.5　让陶瓷像玻璃一样透明

陶瓷是陶器和瓷器的总称,中国人早在公元前 8000 ~ 公元前 2000 年就发明了陶瓷。自古以来,陶瓷都是不透明的。然而在化学家和材料学家的努力下,人们确实得到了像玻璃一样透明的陶瓷。

为什么陶瓷一般不透明呢? 原来,无论是我们日常生活中使用的普通陶瓷器皿,还是新技术中应用的各种特种陶瓷,如氧化物、碳化物、氮化物等陶瓷材料,尽管它们的化学成分各不相同以及制品的外形各式各样,但把它们切磨成很薄的片子放在显微镜下进行观察,你就会发现,它们都有一个共同的

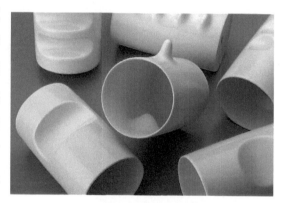

生活中使用的普通陶瓷器皿

特征,即都有无数个很细小的晶体颗粒(简称晶粒),在晶粒与晶粒之间是一些玻璃状的物质和气孔。由于这些杂质气孔的存在,陶瓷的机械强度变得很差,特别是当光线射进陶瓷后,杂质挡住了它的去路,再加上气孔很多,对光线产生吸收或散射,这样“七折八折”,光线就透不过去了。

人们在知道了陶瓷不透明的症结所在之后,为了得到透明的陶瓷,就“对症下药”,想方设法在陶瓷制造过程中消除气孔。一般包在气孔中的气体是比较难跑出来的,所以陶瓷素坯在高温下烧成的时候,通常要抽成真空并对素坯施加一点压力,这样可把包在气孔中的气体赶出来,并使原料颗粒之间的接触更加紧密,使陶瓷更致密,透明度更好,这就是所谓的“热压”工艺。实践证明,当陶瓷中的气孔由 3% 下降到无气孔时,陶瓷就会变得几乎完全透明,同时它的机械强度和耐电压的本领也大幅度提高,真可谓“一箭双雕”——既获得了透明度好的陶瓷,又大大改善了陶瓷的性能。所以透明陶瓷材料常常也是高强度材料。

陶瓷一旦透明以后，就能在光学方面开辟很多新的用途。夜晚，城市的街道和广场上那耀眼、柔和的黄色光取代了以往汞灯发出的阴冷的白色光，这其中就有透明陶瓷的功劳。

现在透明氧化铝陶瓷已被用来做特殊光源的光管，高压钠灯中就有它的"身影"。这种灯中的金属钠就是被封在透明氧化铝陶瓷内的，这种透明陶瓷能耐高温，特别是能耐金属钠的腐蚀，这是其他透明材料所无能为力的。高压钠灯的发光效率比普通高压汞灯高好几倍，发出的黄光透雾能力强，还带有温暖的色调，因此深受人们的喜爱。由于它的这些优点，使它成为街道、广场、机场等公共场所的一种很好的照明用光源，被人们亲切地称为"人造小太阳"。现在，很多大中城市的主要街道和广场上使用的就是高压钠灯。

同样，若在透明氧化铝管中充入钾，便可制成钾灯，它是激光器中用的高效激励光源。其他如氧化镁、氧化钇等透明陶瓷，也可采用类似以上的工艺制成。由于它们耐高温、透明，又可制成较大的尺寸，所以是很好的高温窗口材料。

知识加油站

酒精灯

酒精灯主要用于加热，使用酒精灯时要注意以下几点。

1. 酒精量不得超过酒精灯容积的2/3，不得少于1/3。量多受热容易溢出，量少则酒精蒸气易引火发生爆炸。

2. 禁止向燃着的酒精灯里添加酒精；点燃酒精灯用火柴，禁止用燃着的酒精灯引燃另一只酒精灯。

3. 应用火焰加热，外焰燃烧充分、温度高。

4. 熄灭酒精灯时，不能用嘴吹灭，应用灯帽盖灭。

6.6 "羊毛" 不只出在羊身上

"羊毛出在羊身上"是民间的一句俗语,严格说来,羊毛只能出在羊身上。以前,市场上出售的毛线、毛毯、毛呢大衣等所用的毛,大都是从羊身上剪下来的。各种毛料、毛线的原料取自羊身,这是古今中外很自然的事。羊毛柔软、轻盈、保暖等特性一直为人们称道,可要得到羊毛,就必须饲养大量的优质绵羊,还需要有广阔的牧场。这使羊毛的来源受到很大的限制,人们期待着能够出现一种替代羊毛的纤维。

化学家们的卓越工作,使这种期望成为现实。他们用一种叫丙烯腈的小分子有机物为原料,通过聚合反应,得到了一种叫聚丙烯腈的高分子化合物,然后将它制成纤维。这种聚丙烯腈纤维具有轻柔、蓬松、强度好、有弹性和保暖的特点,很像羊毛。因此,人们亲切地称它为"人造羊毛",也就是我们常说的腈纶。

天然羊毛实际上是一种蛋白质纤维,不管将它制成毛线、毛毯,还是毛料衣服,其最大的缺点就是保管麻烦,它们容易被虫蛀,在潮湿的环境中还容易发霉。尽管人们想了很多办法,比如常晒太阳,放樟脑丸,卫生球等驱虫剂,但仍防不胜防。而腈纶却不怕虫蛀,也不会发霉,和天然羊毛相比,这简直是极大的优点。腈纶毛线的强度还比纯羊毛大两倍以上,因此其耐磨性较好,较纯羊毛毛衣耐穿。用手摸上去很柔软,感觉和真羊毛差不多。因此,许多国家都大力发展化纤工业,生产腈纶,用它来代替羊毛制品。现在,用腈纶做的料子、毛线、毛毯等制品已大量涌现,加之其价格比纯羊毛制品低,因而受到人们的广泛欢迎。

现代化学的发展使染色技术已能将腈纶染成色彩鲜艳、坚牢耐洗的各种颜色,加上腈纶的一个极有趣的特点:受热时它会伸长。因此人们

腈纶毛衣

利用这种性能制成了五光十色、鲜艳夺目的膨体腈纶绒线,也叫"腈纶马海毛"。它真是像羽毛一样轻盈,像彩霞一般艳丽,加之价格便宜,实在是价廉物美,深受人们尤其是女青年们的喜爱。用它织成外衣穿在身上,或织顶帽子戴在头上,真是漂亮极了。

除此之外,人们还将腈纶与其他纤维混纺构成新的纤维品种。如它与"的确良"混纺成的"腈涤",挺括、易干,穿在身上很神气。腈纶还可与纯羊毛混纺成毛腈纶绒线,这种混纺的毛腈线在弹力、保暖性和手感方面都和天然羊毛差不多,而机械强度却比天然羊毛强得多,比较耐穿。

腈纶纤维在保暖性上较纯羊毛差一点,这是它的一个不足之处。但其最大的不足是它的电阻率较大,摩擦易起静电而吸附尘埃。当你在夜晚脱腈纶毛衣时,往往会听到噼噼啪啪的放电声,看到蓝色的闪光,这就是因为摩擦而积聚静电后放电的结果。可是,这令人感到遗憾的不足之处,在特定的时候却又是它的优点。由于静电效应,穿腈纶内衣对患风湿性关节炎的人还有一定的疗效呢!

现在,各种腈纶制品已进入千家万户,它的各种优点正在为人们服务。人们这时应当记起,"羊毛"不只出在羊身上。

知识加油站

"人造棉花"——维尼纶

维尼纶也叫维尼龙,它的化学名字叫"聚乙烯醇纤维"。它是化学家用众多的乙烯醇小分子为原料经聚合而成的。它的性能与棉花相近,保暖、透气、有较好的吸湿性,所以人们又叫它"人造棉花"。它在强度方面比天然棉花更胜一筹,高近2倍。用它纺出来的布做成的衬衣,要比用"的确良"做成的衬衣透气多了,穿着的感觉与纯棉制品差不多,而它的耐磨本领却比天然棉纤维要强得多,因此比较耐穿。它的缺点是易起皱,不像"的确良"那样挺括,还有就是染色性差,不像腈纶那样能够被染成多种颜色,所以我们常见的维尼纶布大多是本色或灰色。不过将它与其他的纤维混纺,可以得到优良的品种。

6.7　玻璃中的"变色龙"

在自然界有一种叫"变色龙"的蜥蜴，它的皮肤会随着阳光及温度而变化。在阳光下，它为棕色；在暗处温度为10℃左右时，变成灰色；在20℃左右，又变成绿色。人们对它的神奇功能禁不住称绝。而变色玻璃，则是人工制造的"变色龙"。现在流行的"变色眼镜"的镜片，就是用变色玻璃制成的。

在玻璃大家庭里，有许多玻璃片经紫外光或其他高能射线照射后都能变色，但变色速度很慢，并且在室温下除去光照后，很难恢复到原来的颜色，也就是说它是不可逆变色。而根据照相化学原理制成的含

卤化银玻璃。则是一类能"察言变色"的光色玻璃。这种玻璃经紫外光或日光照射后，它的颜色就会变暗，并且外界光愈强的话，它变色就愈快；当外界光照除去后，它又能恢复本来面目。这种光色玻璃，是以普通的碱金属硼硅酸盐玻璃的成分为基础，加入少量的卤化银(如氯化银、溴化银、碘化银或它们的混合物)作为感光剂，再加入极微量的敏化剂制成的。加入敏化剂的目的是为了提高光色互变的灵敏度。敏化剂一般为砷、锑、锡、铜的氧化物，其中氧化铜特别有效。将配好的原料，采用和制造普通玻璃相同的工艺，即经过熔制退火和适当的热处理，就可得到卤化银光色玻璃。

你想知道这光色玻璃的化学奥秘吗？我们前面说卤化银光色玻璃是把照相化学原理移植到玻璃中来的产物，但却是青出于蓝而胜于蓝。因为普通照相底片只能使用一次，即发生的光化学反应是个不可逆的过程，而光色玻璃遇光变暗、无光褪色的光色互变性能，即使在反复使用几十万次以后，仍然丝毫没有衰退。为什么两者有这样大的差别呢？这是因为在照相过程中，普通照相底片上涂敷的溴化银经曝光后，即分解为银和溴，而经显影、定影，银原子就成为影像被固定下来了，而溴扩散逸出，或被底片中的乳胶所俘获，这样就使光化学反应不可逆了。而在光色

玻璃中,则情况不同,以极微小的晶粒形式分散在玻璃中的氯化银,经过光照射,虽也会发生光化学作用,分解成氯原子和银原子。银原子使玻璃在可见光区产生均匀吸收而使颜色变暗。但由于玻璃本身惰性和不渗透性,把银原子和氯原子都给束缚住了,使它们只能留在原地。所以当光照结束后,光分解产生的银原子和氯原子,又重新相逢,生成无色的氯化银,使光色玻璃复明。这就是"变色镜"变色的化学原因。

光色玻璃的性能,还可以根据需要进行调节。改变光色玻璃中感光剂的卤素离子种类和含量,就可调节使光色玻璃由透明到变暗所需辐照光的波长范围。例如仅含氯化银晶体的光色玻璃的光谱灵敏范围为紫外光到紫光,若含氯化银和溴化银晶体,则其灵敏范围为紫光到蓝绿色区域。加之光色玻璃熔制后要进行热处理,而改变热处理的温度和时间,就可控制玻璃中析出的卤化银晶粒的大小,从而达到调节光色玻璃的光色性能的目的。因此,我们可以得到多种适合需要的光致变色玻璃。

利用光色玻璃制成的变色眼镜,现在已比较普遍,夏天戴上这种眼镜,在烈日下它变成浅灰或茶色,挡住了强烈的光线,既保护眼睛不受强光刺激,看东西更柔和,也使热感稍稍减少了些。这种眼镜同样可在雪地防日光,边防战士和登山运动员是多么需要啊!车辆驾驶人员,高原和野外工作人员以及眼疾患者戴上这种自动变色眼镜,要比普通的"太阳镜"优越得多。如果把这种玻璃装在建筑物的窗户上,那它就能随着太阳光的强弱自动调节光亮,而无须挂窗帘挡光,这多么方便啊!

知识加油站

洗涤玻璃仪器

玻璃仪器洗涤干净的标准:玻璃仪器内壁附着的水,既不聚成水滴,也不成股流下时,即形成均匀的水膜,表明仪器已清洗干净。

6.8　绚烂焰火背后的学问

一道道火光划破夜幕,一团团火焰投向夜空,五光十色的焰火在空中飞旋,千姿百态的礼花在夜幕里开放,满天的火花把节日的夜空装点得格外壮丽。这奇异的焰火给节日增添了多少迷人的色彩,这绚丽的礼花给欢度节日的人们带来了多少欢乐。

你知道节日的焰火为什么这样绚丽多彩,空中开放的礼花为什么这样变幻无穷吗?这是化学药品的奇迹。

在焰火、礼花所用的火药中加入含有不同金属离子的化合物就能使焰火、礼花呈现不同的颜色。如果在火药里加入硝酸锶、氯化锂、硫酸钙等物质,焰火、礼花就会呈现出鲜艳的红色;如果加入氯化钠、碳酸钠、硼砂等物质,焰火、礼花的

焰火

颜色就是亮黄色;如果加入氯化钡、硫酸铜等物质,则会发出绿色的光芒;氯化钾、碳酸钾等能使焰火、礼花变为紫色;镁粉、铅粉、铁粉燃烧时就会发出耀眼的白光。若在火药里同时加入上述几种化学药品,放出的焰火、礼花就会绚丽多彩。若是把能发出各色光的物质,以不同的配比加入火药,焰火、礼花就会变幻无穷。

那么,金属离子为什么能使焰火、礼花发出瑰丽的色彩呢?原因是金属离子受热后,它的外层电子获得了很高的能量而被激发,产生能级跃迁,也就是金属离子的外层电子从能量较低的外层电子轨道被激发到能量较高的更外层电子轨道上。离子处于激发状态时,电子的能量很高,这种状态很不稳定,电子还要跳回到能量较低的电子轨道。在电子从能量较高的轨道跳回到能量较低的轨道的过程中,这两个能级之间的能量差,便以光的形式释放出来。光的颜色取决于它的波长,波长则是由能量决定的。在金属离子的电子轨道中,能级之差正处于可见光的能量范

围内,又因各种金属离子的电子轨道的能级差有一定的差异,所以不同的金属离子在受热时放出不同波长的光,即各种颜色的光。

此外,焰火中还要添加氧化剂、助光剂、胶黏剂一类的物质,常用的氧化剂有硝酸钾、氯酸钾等。有些染色剂本身也有氧化作用,如硝酸钠、硝酸钡等。像酚醛树脂、六氯代苯、硫黄、铝粉等是常用的助光剂,能大大提高光焰的高度。淀粉、虫胶和树脂是很好的胶黏剂,它能把制作焰火的物质,按一定的规则排列,造成大小不一的颗粒,组成不同的图案,如在制作"向阳花"的焰火时,中间放上发黄色光的颗粒,周围放上发绿色光的颗粒,到天空爆炸后,就如同一朵绿叶扶衬的向日葵。

知识加油站

离子及离子的形成

(1)离子的概念:带电的原子(或原子团)叫作离子。带正电的叫阳离子(或正离子),带负电的叫阴离子(或负离子)。

(2)原子与离子的转化:阳离子 $\underset{\text{失电子}}{\overset{\text{得电子}}{\rightleftharpoons}}$ 原子 $\underset{\text{失电子}}{\overset{\text{得电子}}{\rightleftharpoons}}$ 阴离子

根据原子核外最外层电子排布的特点可知:金属元素的原子易失去电子形成阳离子;非金属元素的原子易得到电子形成阴离子。

(3)离子的表示方法:在元素符号的右上角用"+""–"号表示离子的电性,数字表示离子所带的电荷,先写数字后写正负号,当数字为 1 时,应省略不写。如:Na^+、Cl^-、Mg^{2+}、O^{2-}。

6.9　霓虹灯为什么这么美

在夜幕降临后,当你漫步在城市繁华的街道上时,就会看到五彩缤纷的灯光把城市夜空装扮得分外美丽。这些灯光鲜艳夺目,时亮时熄,不断变换各种颜色,这就是我们通常所说的霓虹灯。但是,在你兴致勃勃地望着那闪烁迷人的灯光时,可曾想过这夺目生辉的霓虹灯是谁发明创造出来的?

据说,霓虹灯是英国的化学家拉姆赛在19世纪末期的一次实验中发现的。在1898年6月的一个晚上,拉姆赛和他的一个助手在实验室里,将一种稀有气体注进真空玻璃管里,然后把封闭在真空玻璃管中的两个金属电极连接在高压电源上。这时,一个奇迹产生了,真空玻璃管里的稀薄气体不但开始导电,而且还发出了极其美丽的红光,这就是最初的霓虹灯。后来,拉姆赛便把这种能够导电并能发出红光的稀有气体命名为氖气。拉姆赛在实验中,还发现了氩能发出白色的光、氪能发出蓝色的光、氦能发出黄色的光、氙能发出深蓝色的光,这真是五光十色,宛如天上的彩虹。因此,后来人们便把这种能发射出美丽色彩的灯管叫作霓虹灯了。

但当时这种迷人景象还只限于实验室里,霓虹灯真正广泛使用是在20世纪以后。世界上第一盏实用的霓虹灯,是法国化学家克洛德发明的。红色的霓虹灯与传统的电灯泡不同,呈细管状,可以随意绕成字体或复杂的图形。能够制造出霓虹灯独特的灯光效果,主要是运用了"气体放电"的原理。气体通常是不容易传导电流的,是很好的绝缘体,不过,只要为气体减压,再接上较高的电压,就可使气体导电。红色的霓虹灯是将一根充满氖的玻璃管,两端通上电流,电流里的电子从一端走向另一端,沿途撞击氖原子,把氖原子本身的电子撞出轨道之外,这些电子像撞球游戏中的球那样,因被击而获得额外的动力;回到原来的轨道后,多余的能量就释放出来,成为电磁辐射,这时灯就发出红色的亮光。假如玻璃管内装的不是氖气,而是其他气体,情况也大致相同,只是不同气体的电子会产生不同频率的电磁辐射,从而呈现不同的颜色。用氦气会产生金黄色光,用氙气则产生深蓝色光,要产生其他颜色的光线,可以在玻璃管内涂上荧光剂,再装入水银或氩,甚至可以采用

霓虹灯

颜色玻璃来配合。

自 1912 年第一块霓虹灯广告出现在巴黎大街上以后,霓虹灯塑造出七彩绚丽的图画和广告招牌,迅速为世界各地添上缤纷色彩。现在,霓虹灯的制作越来越精致了,有的将玻璃管弯曲成各种各样的形状,制成各种图案和文字,并在灯管内涂上荧光粉,以使颜色更加明亮多彩;有的则给霓虹灯装上自动点火器,使各种颜色的光交替明灭,闪烁迷人。目前,霓虹灯这种很经济的光源已被我国广泛应用在商店广告和文娱场所的夜间装饰上,使得城市更加生气勃勃。

知识加油站

人工白昼污染

当夜幕降临后,商场、酒店的广告灯、霓虹灯、瀑布灯忽闪忽闪的,使人眼花缭乱,有的强光束甚至直冲云霄,使夜晚如同白昼。人们处在这样的环境,夜晚就跟白天一般,这就是所谓"人工白昼"。人工白昼对人体的危害不可忽视。由于强光反射,可把附近的居室照得如同白昼,在这样的"不夜城"里,使人夜晚难以入睡,打乱了正常的生物节律(生物钟),使人精神不振,白天的工作效率低下,还时常会出现安全方面的事故。人工白昼还会伤害昆虫和鸟类,因为强光会破坏夜间活动昆虫的正常繁殖过程,破坏生态平衡。

6.10 "有生命"的金属

　　1985 年，美国海军研究所海军军械实验室主任、冶金师布勒在研究镍钛合金时，发现镍钛合金棒互相碰撞，发出沉闷喑哑的声音，可刚从炉子里取出的镍钛合金相撞时，却发出了清脆如铃的声音。他意识到一定是温度对这种合金的结构和硬度有很大的影响。后来他的研究小组在开发新型舰船材料的过程中，需要一些镍钛合金丝，当他们将合金丝领回来时，发现这些镍钛合金丝弯弯曲曲，使用起来不方便。于是他们将这些细丝拉直，然后再在实验中使用。然而在实验中出现了一个奇怪的现象：当温度升到一定的时候，这些已被拉直的镍钛合金丝，突然又全部恢复到原来弯弯曲曲的形状，而且丝毫不差。他们反复做了许多次试验，结果都这样。好像它从前被"冻"得失去知觉时，被人们改变了形状。而当温度升到一定的时候，它"苏醒"了，又记忆起自己原来的模样，于是不顾一切地恢复了自己的"本来面目"。

　　布勒的研究小组进一步研究和反复试验，搞清了这种镍钛合金的记忆特性和不知疲劳的坚韧性，即其"改变—恢复"的现象可以重复进行，即使重复 500 万次也不会产生疲劳断裂，而且恢复原状几乎达到 100%。它似乎是"活的"，对原来的形状有"永久的记忆"。所以人们把具有这种性质的合金称为"形状记忆合金"。

　　美国海军研究所的这一发现，引起了科学家们的极大兴趣，他们对此进行了更为广泛和深入的研究，结果发现很多合金都具有这种奇特的本领。除镍钛合金外，还发现了金镉合金、铜铝镍合金、铜锌合金、铜镍合金等都具有这样的"记忆"能力。

　　看过记忆合金的奇特表现的人，大多会发出这样的感叹：人脑和计算机的"记忆力"还不及一根金属丝！这种记忆合金具有不可思议的性质，即使把它揉成一团，一旦达到某一温度，它便能在瞬间恢复到原来的形状。为此，人们把能使记忆合金"记忆"起原来形状的温度，称为记忆合金的转变温度。

　　形状记忆合金的转变温度，可随记忆合金的比例不同而变化，从而可以通过选择合金的比例，来调节其温度范围。如含 50% 的镍与 50% 的钛组成的镍钛合金，

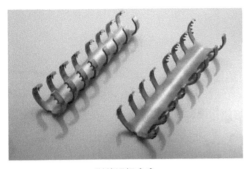

形状记忆合金

其转变温度是 40 ℃；含 55% 的镍和 45% 的钛时，镍钛合金在室温下就能发生"记忆"效应，因此可以制成在人的体温作用下恢复原形的生物植入件；如果合金中钛的含量稍微提高一些，形状记忆的温度就可提高到 120℃ 以上，利用这种"记忆"功能，可制成火灾自动报警器和火灾自动灭火器。

形状记忆合金的出现，到目前仅有短短 30 多年，然而它已发展到几十种之多，使用的领域已经遍及航天、航空、军事、工业、农业、医疗、建筑等广泛领域，而且处处大放异彩，显示了形状记忆合金神奇的本领。

知识加油站

金属

金属的物理性质：常温下金属都是固体（汞除外），有金属光泽，有良好的导热性、导电性，有良好的延展性、韧性，有一定的硬度，较高的熔点等。

金属之最

地壳中含量最高的金属元素——铝

人体中含量最高的金属元素——钙

导电、导热性最好的金属——银

硬度最大的金属单质——铬

熔点最高的金属——钨

熔点最低的金属——汞

参考文献

［1］化学(九年级上册).北京:人民教育出版社,2012.

［2］化学(九年级下册).北京:人民教育出版社,2012.

［3］周公度,王颖霞.元素周期表和元素知识集萃.2版.北京:化学工业出版社,2018.

［4］荆立峰.中学化学课本大讲解.北京:北京教育出版社,2008.

［5］杨述申.初中化学知识考点.哈尔滨:黑龙江少年儿童出版社,2019.

［6］牛胜玉.初中化学知识大全.西安:陕西师范大学出版总社,2018.

［7］魏子鑫.初中化学知识结构图解.北京:电子工业出版社,2018.

［8］初中化学公式定理手册.北京:中国大百科全书出版社,2016.